文化周末

东莞市莞城文化服务中心
莞城文化周末工程办公室　编

# 东莞春日限定

图书在版编目（CIP）数据

东莞春日限定/东莞市莞城文化服务中心，莞城文化周末工程办公室编.—合肥：安徽文艺出版社，2023.1
（文化周末）
ISBN 978-7-5396-7648-7

Ⅰ.①东… Ⅱ.①东… ②莞… Ⅲ.①饮食—文化—东莞 Ⅳ.①TS971.202.653

中国版本图书馆CIP数据核字(2022)第239788号

出 版 人：姚　巍
责任编辑：成　怡　宋晓津　　　装帧设计：徐　睿

出版发行：安徽文艺出版社　www.awpub.com
地　　址：合肥市翡翠路1118号　邮政编码：230071
营 销 部：(0551)63533889
印　　制：安徽新华印刷股份有限公司　(0551)65859551

开本：880×1230　1/16　印张：4.75　字数：230千字
版次：2023年1月第1版
印次：2023年1月第1次印刷
定价：35.00元

容庚
与
東莞
容庚
1894 - 1983

# 守望城市，润泽人文

## （总序）

在中国的城市序列中，东莞既古老又新锐。2006年，在东莞“建设文化新城”的语境下，一套秉承人文理念、梳理地域人文价值的公益图书——“文化周末”系列应运而生。

自诞生之日起，“文化周末”就致力于聚焦东莞当下的文化生活，记录、见证、参与一座城市的纤毫变化，以温暖的人文情怀与时代同频共振。这一系列图书与一座城市一路同行，至今已有十七年光阴。在珍贵的时光洗礼中，一个城市发生了日新月异的变化，这些变化，构成了“文化周末”系列图书历久弥新的积淀，生动浩繁的文章目录，可谓这座城市文脉传承的精彩缩影。

“文化周末”以雅致文化为定位导向，但在文本的撰写与呈现上，却也尽可能地扩展视野，将潮流生活放置在文化的维度进行观察，因此，它反映了东莞的“千面”图景。这图景斑斓多彩且细节饱满：既溯源地方民俗的缘起，也解读江河湖海、山丘森林的地理概貌对市民性格的影响；既解读人文现象的密码，也宣扬艺术的魅力……所有的努力，都指向一个宗旨：希望通过字里行间的力量，传递高雅文化，从而潜移默化地影响大众的审美趣味。

“文化周末”紧扣时代脉搏，始终站在生活的前沿阵地。它提供新鲜资讯，它串联起东莞的文化大事记，城市发展史上的重大节点事件，无不在这一系列图书中留下鲜明的印记。“文化周末”探源历史底蕴，它以现代性思维重新解读东莞2500多年历史中流光溢彩的篇章，许多文史专家都曾在此率先发表他们的文史发现，为城市的文明变迁书写丰富的脚注。

“文化周末”客观评述文化现象，诚挚传播真知灼见。“文化周末”系列图书曾与诸多名家有过深度交谈，如莫言、余华、苏童等人，他们声音的交汇与碰撞，丰富了这一系列图书的内涵。“文化周末”构建文艺工作者互动交流的“雅集”，它数年如一日地对本土艺术家的最新创作动向进行跟踪关注，摄影作品与书画作品可以在纸面上直接呈现，对于音乐、影像等艺术门类，“文化周末”系列图书则通过评论或深度访谈的方式进行解读，让一批在西城楼下、可园之畔醉心于文艺创作的人，重新找到了交流之平台、心灵之归宿。

“文化周末”风格厚重却不失飘逸，深沉中突显先锐，它关注动漫、民宿、咖啡、露营、网络歌曲、小众观影、短视频、青年创意力量等话题，从不缺乏新锐创意与趣味感。在某种意义上，它甚至用敏锐的文化嗅觉，率先发现、归纳及定义了这座城市中一些崭新的生活方式。

十七个春秋一纸风行，一页页鲜活的记忆、字里行间的文化景观，使“文化周末”不仅覆盖东莞本土文化需求，同时还辐射广州、深圳、香港等相邻城市，成为东莞与外界文化交流的媒介。东莞是一座移民城市，人口流动性比较强，“文化周末”系列图书为许多初来乍到者提供了一个全方位了解城市的索引。在某种程度上，它是城市生活的风景窗口，它的格调折射了这个城市海纳百川的精神。

十七年来，大众的阅读与获取信息的习惯，已经从纸质转向了电子屏幕，这是一个资讯爆炸的时代，也是一个鱼龙混杂的时代。纸质阅读，越发变得奢侈与难得，为此，“文化周末”系列图书在选题策划、行文风格、图文设计等多个维度自我革新，从而使“文化周末”与时俱进，始终是这座城市最具可读性与传阅价值的公益图书。

在电子信息化时代下，它的外延与内涵，都呈现出新的特质，除了纸质传播之外，我们也经常聚合东莞的文化爱好者，组织丰富多彩的线下活动，“群贤毕至，少长咸集……虽无管弦之盛，一觞一咏，亦足以畅叙幽情”的景象，正穿越历史，突破地域，在莞城这片文化底蕴深厚的土地上演绎出新的精彩华章。

所有过往，皆为序曲。在一个瞬息万变的时代，“文化周末”的初心一直坚如磐石：它是城市文化的守望者，它将继续提供深刻而优雅的阅读方式，并由此润泽一方人文。

缪肃

# 目录 CONTENTS

Corona
Corona

# 寮步

LIAO BU

**汪菲菲（网名：巧不克力）**
中国女摄影家协会会员
东莞市摄影家协会理事
北京摄影函授学院广东校区教师

五福臨門
一字值千金
87

张新锋

东莞市摄影家协会分会秘书长、中国摄影著作权协会会员、广东省摄影家协会会员、企业家摄影协会会员

锦上添
就是 好上加
CHERRIES
Sheng
YEN
ick
company
AL DELICIOUS
爆

# 从这里，打开春天

蔡妙苹

时间之书一页页翻过，城市的脚步马不停蹄地向前，公路像树根一样蔓延到各个角落，一点点侵占着绿色植被的领地，万“灰”丛中的一点绿如同荒漠中孤独的水源。树上的蝉鸣、鸟叫被此起彼伏的机械工作声覆盖，生活在城市里的人们总是脚步匆匆，或是一头扎进工作中，或是被家长里短扰得心烦意乱，无暇顾及季节的更替。

每个季节的降临，都有各自的预告。春天万物复苏，繁花争艳；夏天炎热，时而晴空万里，时而乌云漫天；秋天爽快，凉风徐徐，枯黄落叶满天；冬天冷酷，寒风呼啸而过，冻得人蜷缩在被窝里瑟瑟发抖。

在广东，春天似乎没有前奏，总是不知不觉地来，又悄然无声地走。在大多数人的印象里，冬天似乎刚过，夏天便捷足先登，春天像是被谁藏了起来一样。淅淅沥沥的一场小雨，若有若无的一阵花香，路边凋落的花瓣……在未被发觉的角落，春天早已悄然登场。春意在各个细微之处恣意生长，低头忙碌的人们总是与之错肩……

窗外的春色烂漫却孤独，你有多久没有好好感受过春天了？时隔一年，久违的春天又来了，当身心都被和煦的春风唤醒后，人们开始审视自己的生活，并做出了一些改变，比如更加注重生活质量，关心与向往自然，学会养生，关注季节变化……

今年的春天，来得比以往要早些。阳春三月，微风和畅，阳光正好，我们从琐事中脱身，决定去探寻城市的春天。我们走进水濂山，深吸一口来自山间林中的纯净空气；在植物园里漫步，于花丛的郁香中抖搂疲惫，静心感受每一朵花的与众不同；行走在可园内，让满园的碧绿一扫心中的尘埃霾气。在鳒鱼洲内漫游，感受人与自然、自然与建筑的联结，听莺燕唧啾，草虫喓喓，触摸土地青葱的温度，感受万物生长的力量。

春天躲在山中，绽放在枝头上，驻足在园林里，也流动在人们的生活中。菜市场里的摊位上摆满了新鲜的春笋、香椿等各种时蔬，以及许多叫不上名的野菜；春季水果纷纷上市，人们开始忙活着酿青梅酒；厨房里飘来妈妈刚蒸好的艾糍的清香；街角的咖啡厅已经准备好“春日限定”；爱茶人已经喝上了今年的第一口春茶……人们在春天里把日子过得活色生香。

如果你也起了探访春天的兴致，不妨跟我们一起，从这里打开春天……

# 到山里去，寻春

冼金凤

每年春天，网络、社交媒体上充斥着各地的樱花美图。身边的广东人不免嘟囔着要去武汉或者东京看樱花，仿佛没有看过樱花就虚度了春天一样。广东四季虽不甚明晰，但就春天来说还是很有话语权的。它可能短暂，可能脾性多变，冷暖有时并不按需分配，但它永远不会迟到，且往往会提前登场。

阳春三月，东莞公路两旁杧果树开满了密密麻麻的杧花，坐在车上静静欣赏，不免心生美好；一旦下车观之，那扑鼻而来的香味又让人承受不住。东莞市区的绿化建设做得不错，道路两旁的花花草草一年四季不重样，但整整齐齐的姿态总是给人一种疏离感，难免令朝九晚五的上班族产生审美疲劳。如果要寻找不一样的春天，还得到山里去。

## 山不在高，有“春”就行

在城市里生活，我们习惯把日子划分为工作日、周末与节假日，抑或是加班与不加班，似乎并不是很关心节令的更迭，只是按照气温的升降添减衣物，更别提应时而食了。难道在城市生活，就要以失去对自然节令的感受力为代价吗？当然不是！热爱自然的人，总是以自己的方式与季节同频，譬如：与朋友组团到山里露营，观草木枯荣；或是周末到郊外徒步散心，呼吸一下新鲜空气；抑或是闲暇时到周边的公园里逛一逛……对于他们来说，上山、游园、郊游可以说是一种寻常事。

钢铁森林之中也有绿洲，即使再繁华的城市，只要一两个小时的车程，便能抵达郊外，与自然相拥。东莞人说去爬山，无非就是登高望远，看看日出，到庙里拜拜。因此东莞人爬山不追求高，只要风景好、香火旺即可。在东莞市区，人们通常不是去黄旗山，就是去水濂山。其中，水濂山主峰峰顶海拔379.9米，是东莞市近郊的最高点。水濂山，山清水秀，方圆十余里，山岗连绵，岩石嶙峋，泉水清洌味甘，因曾有彭公隐于此，旧称“彭峒山”。明清两代许多名人雅士到此登临观赏，并留下了“彭峒水濂好景致”等诗文佳句。山上原有始建于宋代的西山寺、东山寺及东山书院，半山处亦有观音庙、白衣庙、吕祖庙等庙观，香火曾盛极一时，乃明代东莞八景之一。

水濂山森林公园，依山建园，位于市中心以南8公里处，为东莞市五大森林公园之一。2002年，水濂山森林公园开始规划建设，目前为止共修复建造了水濂洞天、天池、梦溪探胜、古庙广场、水濂山湖、园中园、小蓬莱阁等主要景点，所建成的四条登山路径，可通往公园各处景点，成为东莞人休闲娱乐的城市“后花园”。

三月的末尾，我们刚结束上一期的采编工作，急需一些东西来恢复元气。“这样的天气好适合春游啊。”有人提议。于是，一行四人，没有提前做攻略，从市区出发，到山里寻找春天，试图在城市里捡拾生活的余韵。

车子一路驶向市郊，穿过绿色路，来到了水濂山脚下，刚下车便听到各种鸟儿的歌声。我们漫步前行，道路两旁的树木换上新叶，那满目初生的绿，足以安抚疲惫的眼睛与心灵。不少蒲葵树已缀满了果实，嫣红的朱槿绽放得天真烂漫，而山麓处的三角梅开成了红色瀑布，一派争春的气势。行至山腰，蝉声霎时响起，驻足聆听，较之夏蝉嘶鸣，春蝉的叫声甚是温柔悦耳。山谷里的杧花开成一片，许多叫不上名字的树层层叠叠，从嫩绿到苍翠到墨绿，深深浅浅地叠加在一起——在春天，光是绿色都足以迷人眼。

走进园中园，别有一番意境。循着环廊走一圈，各式各样的凉亭、假山鱼池错落有致，院中到处可见绿意，山茶花、黄金间碧玉竹、敬尾葵、春羽等各种树木花草恣意生长。美丽的落羽杉安静而诗意地站立于水中，鱼儿在水木间自由穿梭，两只黑天鹅时而与游人嬉戏，时而自娱自乐。和煦的阳光洒在湖面上，波光粼粼，映射在亭台栏杆上，鸟儿忍不住放声歌唱，游人有的凭栏发呆，有的观光留影，有的闭目打盹……春光可真会叫人“懒”。

登上水濂阁，俯瞰山景，心胸顿时开阔。驻足观远，与温柔的春风撞个满怀。又见三五游人席地而坐，兴许是爬累了，干脆坐在地上玩起了扑克，欢乐的玩闹声时不时回响于阁中。继续往前，来到古庙广场，硕大的木棉花坠落满地，桃树上缀满了青涩中带有“腮红”的春桃。没想到，在三月，花儿已经开始下坠了，果实挂满了枝头，春光如白驹过隙呀。折返下山，看到不断有人上山、下山，或三五好友结伴而行，或亲子同游，或一人独行，在山中暂短地忘却烦扰，享受春光。

## “一生难得是春闲”

诗人王国维曾因病回海宁休养，在家乡度过了一段悠闲的春日，故而写下“夹岸莺花迟日里，归船箫鼓夕阳间。一生难得是春闲”。四时唯春日最可爱，不用吩咐，大自然便慷慨地将春色供给人间，无论男女老少，不分贫穷富贵，只要拥有闲暇的心情和审美的悟性，每个人都可以得到尽情的享受。

赏春踏青自古便是春事之一，人们行春山，赏春花、春树，品春茶，食春菜。唐代诗人于良史在《春山夜月》中描绘了行春山之乐趣，他满怀游春逸兴来到山中，趣事何其多：用手捧起清澄明澈的泉水，月影倒映在水中，好像那一轮明月落入自己手中一般；俯首细嗅拨弄山花，馥郁之气便溢满衣衫，春天如此美好，谁又舍得离去？于是便有诗：“春山多胜事，赏玩夜忘归。掬水月在手，弄花香满衣。兴来无远近，欲去惜芳菲。南望鸣钟处，楼台深翠微。”

游春山，不仅仅是观赏大自然的景色，也体味着其中的生活气息。东莞作为一座充满运动气息的城市，爬山散步可以说是市民的日常。不少老人家把爬山视为锻炼，每天早早吃完早餐，带上提前泡好的茶水，便出发爬山。下山之后，买菜的买菜，接小孩的接小孩……流入城市，各自忙碌。到了周末，不少家庭出游，一家老小齐齐爬山，亲近自然，纵情山水。若是早下山，人们可以齐聚在茶楼，吃早茶，享受闲暇；也有的选择就近体验一次农家乐，品尝食野之味。

无论现代建筑如何高大宏伟，都代替不了山在人们心中的位置。当山与城相互依偎的时候，山便成了都市人的心灵净化所。每一座隐于城郊的山，都为人们隔绝喧嚣，有人入山放空，有人进山寻春，有人登山忘忧……来意不一的人们短暂会聚于此，又各自返回生活。

东莞人与山的联系，似乎是难以说清楚的。大部分本地人每逢节日上山拜拜神；老年人也会在山上下下棋、打打扑克，甚至坐在亭台楼阁里打起盹来；年轻人则喜欢呼朋引伴登山看日出日落，玩玩游戏。但可以确定的是，人们乐意到山中去，除了好那一口新鲜空气以外，还贪恋那山里的景色，能让人暂时远离闹市的纷杂。

电影《立春》里，不甘平淡的王彩玲说：“春天来的时候，总觉得会发生点什么，但是到头来，什么都没发生，然后就觉得自己错过了点什么。”春天要做的事情可多了，但是，行春山是必不可少的！

# 三月景深绿密时

郑友晴

## 绿道未竟

绿道休闲是人们踏青赏春的途径之一，与三两同好骑单车，或是和许久未相伴亲近自然的家人并肩漫步，暂离繁市，追风觅花浸绿水，做一日感知山野奇趣的城市“隐客”。

如今东莞的绿道体系越发完善，植物园、农业园、生态公园、水库、历史遗址，沿途赏绿、登山、摘果、交谈，或长或短的路线都承载着人们亲近自然、享受生活的闲情逸致。绿道像是一道长长的桥，把当地原本零散的人文与生态景观相连，用植物装饰长廊，用长廊绿化城市。

绿化建设是东莞随处可见又常被忽略的资源，它是林立建筑和川流车道之外星点的装饰，似一段动听的间奏，点缀了整首歌中抑扬的曲和动人的词。宽敞公路旁的杧果树上挂着青绿的果，广场绿地上藏匿的小树开出了粉色的花，十字路口整齐娇艳的花坛、山光湖景之中浓密的树林、莞中校门内侧洒下浓荫的凤凰木、光明路尾几棵根深须长的百年榕树、植物园吊桥外头红花满枝的木棉树，是使我们久居都市这座“樊笼”里，偶尔得以“返自然”的点滴存在。

若是想要寻得整片绿林染目绕身，南城一条绵长景丽的绿色路许是不错的去处。它伸着细长的“腰肢”，从南贯北，依托两侧层叠葱郁的绿植，连通了东莞植物园和水濂山景区。

编辑部外出“采春”那日已临近三月末，我们从南城商区出发，感受到四周景色从高楼繁街到绿意深重的转变。往来的道路不宽，日头尚柔，路旁高低疏密的枝丫缝隙中透出斑驳光影。有的老树根深叶茂，隔街生出了蔽日的浓荫；有的新树刚换上翠嫩的春芽，光秃秃的细枝伸向天际；有的树上大小花团压得密实，诱人的清香唤来了蜂蝶环绕，也招来和煦的风，不小心吹落了花瓣满地，仿佛把春光穿戴在行人肩头。

春天总是给人迷离之感，空气在潮湿与清朗之间切换，温度在冷暖之间交替，日子在新旧之间浮动。递进的花期变幻着城市的颜色，素洁的玉兰铺张着白，淡粉的洋紫荆就爬上了枝头，桥头鲜丽的油菜花田翻涌着明亮的黄，松山湖岸边满目的黄花风铃木拂动了清澈的水。前几天嫣红硕大的木棉花才明艳了浅淡的春色，后至的暖日暑气就催得棉絮砸了树下青翠的草丛和灰沉的水泥。

春日的新生的气象越过清冷的冬天，书写在道路繁茂的绿色、远郊孤鸣的春蝉、城市温润的晚风和市民出行踏春的步伐中。春游是学生时代一份藏不住的期盼，或许只是在银瓶嘴登山漫步，或者在植物园看花识绿，却也是光想起就能让嘴角高挂不下。保罗·索鲁在《旅行之道》中写道：“旅行中的创造与博尔赫斯在《幸福》一诗中优美贯穿的观点相符：当我们遇上这个世界时，‘一切都是第一次发生’，但又以一种永恒的方式。”

春季蕴含的新生之意与旅行时我们所体会到的新鲜感相重合。若想在春日景明时来一趟短暂的出行，为逃离城市的“樊笼”画出

气象路
QIXIANG LU
西
东莞气象局
DONGGUANQIXIANGJU
绿色路
LVSE LU
东

新轨道。不妨前往自然干净的绿色路，毕竟这道几乎安放了一整片森林的绿色长廊上是望不尽的春色。偶尔看见路边一辆敞篷三轮后面装满了花草，枝叶摇晃着向前驶去，就像是着驮着春天与人们奔赴一场温柔的会面。如果说“今晚月色真美”是想念的暗语，那么“今天春风正好”或许就是心动的信号。

## 花境迷春

从水濂小镇这头，沿绿色路一路向北，在似乎绵延不尽的树丛之间，窥得一方甚为平敞的广场。左侧一棵耸立的木棉开得热烈，彼时午后炽烈的阳光从头顶倾洒，照得高挂的花瓣的影子与地面几朵零散的落英悄然为伴。右边是东莞植物园的主入口，我们从铺着木板的凌波桥上走进这片绿色世界。春天的风不算强劲，却也吹得桥下沿岸的树枝哗哗舞动，各色花丛参差地排布在镜湖周边，水面微漾，映衬着缤纷花色，荡漾在白云绿水中。

在桥上环顾时，近处的中国无忧花绽放得张扬而夺目，橙黄色的花团一簇簇地冒着生气，目光掠过时它们仿佛被加上了一层明媚的滤镜，想来灿烂的植物大多有着流光般的色彩。无忧花的树体不高，却是园中路人无法移目的存在。岸边一位正在工作的阿姨弯腰整理着水生的植株，从高处望下来，错位的花球散发着清甜的香，似是招徕了辛勤的蜜蜂采撷酿蜜，恰是一幅春日田园景致。

如果说夏天的满池粉莲清雅又无瑕，令观者步步流连，只为一个“接天莲叶无穷碧”的澄澈清晨，那么春天的睡莲则是半开着素净的花，在朦胧恬淡的色泽中释放幽芳，为人们营造一个虚幻又灵动的深夜梦境。淡紫色的花瓣稀疏地直立在小巧泛黄的叶面上，身前是倒影成画的池塘倩景，身后是浓绿成荫的各类名树，绚烂的多花红千层立在枝头遥望天空，丛边低矮的虾衣花垂摆着橙黄的穗条，外出写生的少女端坐在草地上，把所观的花景春色收于笔下。

所谓园林，是在山水之中取林造园，供人游憩。植物园内林密花繁，若是修建几座亭台楼榭，那么园艺之美更是不可多得。莲湖里静默地伫立着半开的花，湖中一座茶室四面临风，与环岸一侧古木色的简陋莲亭隔水相望，暗浮的幽香、争鸣的鸟语，清逸的时光，就在亭下歇脚的路人肩头的白色蝴蝶扑扇翅膀时流走了。爵床科植物园与月季园并立在镜湖西岸，这头的原生小亭以树为柱，茂密的绿植爬了满顶，那头缤纷的月季花期正盛，红色艳丽，黄色雅致，唯两枝素净低调的白色月季安静地生在观园入口处，悄然释放着令人无法拒绝的盛大柔情。

岩石园外是一片迷你的堤景水色，低缓的斜坡上铺满了绿色，几把木椅被安置在高处，一对年老的夫妇面水而坐，眺望远处的几株桃花心木，间或低头逗弄睡醒的孙女，安静的午后就消耗在这无限明媚的春色里。大草坡是岩石园对面一大片平坦宽敞的草地，油润的绿色无边无际地蔓延在厚实的青草里和繁茂的树枝上，也有一些游人三五成群，铺开碎花布散坐在浓荫之下，谈笑风生，或是卧身小憩。

春暖花开游园日，清风丽景虚度时。三月明净，四月烂漫，马路旁树上新生的叶，植物园湖边争艳的花，草坡上奔跑着放风筝的人，荔枝树抽出了黄嫩的花穗，短暂却从未停歇的春色，步履轻盈地探足在东莞的每一寸土地和每一缕时光里。我们身处其中，又时刻缅怀。

（冼金凤

# 漫步可园，赏园中春色

**蔡妙苹**

**仲春伊始，春和景明，万物复苏。树木抽出新芽，花儿探头欲试，争先恐后地迎接春天的到来。在漫天春色里，可园内的花草树木也不甘示弱，尽情享受着春天的欢愉。**

**可园与顺德清晖园、佛山梁园和番禺余荫山房合称广东清代四大名园，是岭南园林的代表作之一，前人感叹其“虽由人作，宛如天成”。园内四时之景不同，四月芳菲，惠风和畅，不入园，又怎知春色何许？**

## 满园春色关不住

刚抵达可园，门虽小巧，仍能隐约看到门内一片浓郁的翠绿。往前走近，我的目光被门前这副藏头联吸引住，“可羡人间福地，园夸天上仙宫”，园内景如仙宫，让人心之向往。踏进园内，一股凉意袭来，映入眼帘的一片翠绿倾洒而下，为后方的楼阁蒙上一层绿纱，几朵刚开的红色杜鹃镶嵌于绿丛之中。庭中池子里的睡莲安然舒适，看到如此之景，心中静谧超然，精神倍加舒畅，春天的疲累瞬间消散。

从正门入，经草草草堂而出，循廊前行。放眼望去，环碧廊周围满眼碧绿，让人如沐春风。环碧廊全长约百米，一折一景，处处有景，却景景不同。不觉来到了双清室，四角设门，环廊拼接，走近一看，窗花由红、绿、蓝、黄、白五色相间而成，恰逢天气多云转晴，日光推开云层的阻拦，从高空纵然跃下，透过十字形的窗花洒落在地上。色彩缤纷的窗影随阳光时隐时现，在室内的石砖上尽情地舞动，给老宅子平添了几分活泼春意。

我们赞叹室内外的明暗对比，光线将我的视线引到了室外那座玲珑古雅的湛月桥上。踏上桥后抬头望去，被一抹玫红吸引了目光，我迫不及待地前去一探究竟。原来是一盆三角梅，尽享滋树台上的一角，滋树台呈正方形，坐落于庭园中心。从东面拾级而上，三角梅呈扇形朝我热烈展开，与青砖相衬，颜色更加绚丽，赢得不少游客的欢心。

转身便是园中最高的建筑——邀山阁。邀山阁面对黄旗山，高度比肩黄旗山，“邀”与“举杯邀明月”中的“邀”同义，故名为“邀山阁”。踏上蜿蜒的小楼梯，亲身感受了一番“初极狭，才通人”，若刚好遇上游客下来，要互相侧身而行，上到中台，一鼓作气，登上顶楼，四面环窗，一窗一景。春风徐来，拭去我身上的闷热，顿觉神清气爽。朝东南望去，各种绿色尽收眼底，墨绿、翠绿、草绿、嫩绿……远处还有一簇浓烈的红，真是万绿丛中一点红。“春”这位画家，随手一挥画笔，便能勾画出如此知晓人心的花草树木，带着春的使命，驱赶了园内冬之寒意，为来客呈现一派春之独有的生机与色彩。

青砖古瓦、亭台楼阁、山水桥榭、游廊堤栏，满园的春景在此可谓一览无余。西北面向莞城博厦大桥，人与车辆匆匆而过，园外的匆忙与园内的闲适对比鲜明。饱览春景的我，扶梯而下，默默惊叹于前人的建筑工艺。这座一砖一瓦精心搭建的阁楼，一共四层，每层设一两间房，房间内的若干窗户，朝向不同，风景殊异。

古韵依存的窗户，不经意间框住了窗外榕树的一角，窗旁一盆蕙兰与其做伴。阳光透过茂密青葱的绿叶洒落窗边，不经意间为窗沿镀上一层金边。窗内蕙兰的深绿沉稳，窗外树叶的青绿活泼，光影随风在沉稳与活泼中来回跳跃，好似一位老人与小孩在玩笑，营造出一派闲适祥和的景象。

下至二层平台，循着游廊往东面走，墙上挂着一扇碧绿的陶瓷花窗，好比一个画框，窗外之景如画般被“临摹”于画框之中。这种美确实是历代文人墨客最爱之风，用窗将以墙隔开的景色相连，恰好凉风微起，远远望去，一片片树叶随风轻舞，犹如一幅动态水墨画。俯身靠近，从窗花中窥去，原来是小院后的一棵龙眼树，满园鲜翠映入眼中，使人心为之清爽。再细细一看，前方亭子露出一角，再远一点，后方的可园似隐还现，似隔非隔之间有着虚实相生之美，给人以无尽的暇想。

走进室内，依曲廊前行，一直一折中，不知不觉来到了绿绮楼。踏入室内，光线渐暗，春风习习，拂去了步行的疲惫。古色典雅的座椅围墙而放，楼阁中心还摆置了一张圆桌，不少游客在此歇息拍照。我随意而坐，环顾而望，墙四面，东窗邻水，临窗平望视野开阔，可将美景尽收眼底。西面与走廊相对，通风顺畅，檐上灯笼随风摆动。南面朝亭，空间向外而延，临窗而坐仿佛置身于湖中，使人身心愉快，思绪也随着风飘远。

## 聆听园中春韵来

不知过了多久，一阵悠悠琴声萦绕耳畔，将我的思绪缓缓地从春的绿色中带回。回头一看，原来是琴师在琴前奏乐，手指在琴弦上缓缓拨动，时而欢快，时而轻柔。相传可园的主人张敬修向来以文风行世，为人丹青风雅，爱同文人切磋文艺，琴棋书画样样精通。偶得一琴名“绿绮台”，痴爱得不行，故特意修阁楼以放之，平日与友人在此弹琴作乐，品茶吟诗，此楼便因琴取名为“绿绮楼”，如今也供游客休息听曲之用。

琴声悠然，余音绕梁。往下望去，不少游客在曲桥中央喂鱼，再往前走便是可堂二楼的书房，不得不提书房内的一对满洲窗，足不出户便可见窗外春色灿烂，绿枝摇曳生风，紫色、橙色的花蕾点缀其中，恰好蝴蝶翩翩停落在枝头，好似一幅无心之画。

下至一楼，此时正值三角梅盛开的季节，沿湖路旁三角梅争奇斗艳，它们相互环绕着，簇拥着，以玫红为主，如火般纵情绽放。在绿叶的呵护下，开得绚烂炽热，大胆奔放。不得不说桥下的这条“花路”，经风吹后，满地尽是嫣然红花，落花也不愿随风飘远，只是缓缓飘落在树下、草丛里、石头路上，给大地铺上一层红色的“地毯”，任行人发现春日的惊喜与美丽。

稚嫩的小孩被爸爸抱坐在肩头，伸手想要摸一摸头上的三角梅，被爸爸逗得开怀大笑，咿呀叫着。岸边种了几株柳树，风吹似浪，柳条左右摆动，发出或重或轻的沙沙声。杨柳依依，春风拂面，坐在树下的老人，本凝目张望着远方，又在转瞬之间挥起了右手，招呼贪玩的孙女看那出行的天鹅。

天鹅游弋鸭子闲游，园中最热闹的就是这里了。环湖漫步，走到可湖的另一边，春江水暖，观赏水鸭、天鹅、锦鲤的游人齐聚一堂。水鸭的脖子长长伸直，抬起高傲的头，看惯了人来人往，由得游客撩拨拍照，时不时还被游客逗得“嘎嘎”叫着。一旁的天鹅羽毛油黑发亮，似乎也是刚游园归来，频频低头濯水，洗去羽毛上的尘埃霾气，忽然扇着翅膀拍打着湖水，站起展翅欲飞，水波荡漾，向四周漫延。

## 幽幽花香随风远

往回走，穿过可堂，来到问花小院门前。抬头一看，惊喜地发现几个已有拳头般大小的石榴正离我如此之近，触手可及。它们毫不羞涩地吊挂在枝叶丛中，探出好奇的脑袋，将视线投向过道的游客，枝丫被它们压得弯下了腰，引来不少游客争相留影。一旁的壶中亭，倚四面楼房而成，独立一方小空间，是旧时主人张敬修与友人喝茶闲聊之地。落地空窗，一对爷孙在亭中歇息，前方假山掩蔽了花窗一角，窗外的串钱柳在春风中缓缓飘动，景中之景，层层串联，果真是“园小无穷景，壶中别有天”。

我转弯进入一条幽暗小路，进到室内，一道狭窄的门后一片漆黑。“里面又是什么呢？”我心里不由自主地想着。似有似无的光线引我踏进门内，不由得蹑手蹑脚起来，怕惊扰了什么似的。恍然之间，重见天日，豁然开朗，原来观鱼簃由此径相通。

与曲廊和可亭相对，眼前几株垂枝红千层开得正盛，“长条袅袅串红绡，无风时自摇”，树上嫣红的花瓣猝不及防地飘落在湖面上，锦鲤一点点嘬着，相互戏花。远处的老人带着孙子也在嬉戏饲鱼，水中倒映的影子，被抢食的锦鲤拍打得波光粼粼。我由这一幅欢快舒适的春游景图想起从前爷爷奶奶带我游玩的许多个春日。他们总是会自带一瓶在家中泡好的热茶，走累了，便找一个亭子或树荫下的圆桌，坐下品一杯飘香的茗茶，赏花、观鱼，体验园里的春意萌发。

春风拂来，一阵迷人的花香随风飘来，未见其形，先闻其香。步出观鱼簃，顺环碧廊走到了后庭，花香清新优雅，驱散了鼻腔里老宅子的陈旧气味，越往前走，花香便越发浓郁。走近一看，树干虽细小，婀娜多姿的枝条却结满了花蕾。才是四月，长在外层的花蕾就已经耐不住性子，伸展开来，雪白色的茉莉冒出沉甸甸的头，轻飘暗香。旁边一盆桂花树还没开花，树枝上已长出大大小小的米粒般娇嫩的花蕾，凑近深吸一口，缕缕香气从中溢出，清醇的花香充盈鼻腔。只凭想象便知，待到开花时节，必然群花争香，花香弥漫。

角落这棵年长的榕树，被斑驳的树皮、粗粝的枝干暴露了年龄。树干上冒出了幼小新枝，枝上生出幼嫩的绿叶，充满青春的活力。一旁的龙眼树和荔枝树早早开出了花朵，一树的繁花等待着收成的季节。一旁的木菠萝树干粗黑，自根以上周围生长着小枝叶，青绿的果实直接长在了树干上，站在它密布果实的树干和茂盛的枝叶下，能感受到生命的顽强。

《可楼记》中记载：“居不幽者，志不广；览不远者，怀不畅。吾营可园，自喜颇得幽致。”漫步在幽致的园中，踏青赏花，感受春来万物复苏，树木吐绿，鸟鸣雀跃。阵阵琴声入耳，缕缕花香扑鼻，可谓心旷神怡。俗话说“十年磨一剑”，花了十年建筑而成的可园，以一墙之隔，远离了城市的喧嚣。我缓缓步出可园，却心生留恋。

# 鳒鱼洲：再启程，遇“鳒”春天

香晓颖

鳒鱼洲，位于东江和厚街水道交汇处，三面环水，因从空中俯瞰形似鳒鱼，故得此名。作为东莞重要的工业遗址，鳒鱼洲记载了东莞工业梦想的源起，见证了东莞改革开放的进程，被誉为东莞这座城市的工业诗篇。后来，鳒鱼洲在时代的浪潮里光荣落幕，孤影高耸的烟囱筒仓，陈旧破落的车间厂房，偌大的工业园杂草丛生……十多年的沉寂，留给鳒鱼洲的是荒芜破败。

春天，总是充满生机和希望。鳒鱼洲，这座拥有40年历史的工业园区，经历了两年的更新改造，终于迎来全面开园后的第一个春天。下面，随着文字的脚步，一同去春天里寻找鳒鱼洲，再逢工业遗址的明媚春光，看草木花鸟，万物滋荣。

## 冬去春来万象新

南国春来早，经冬物候新。今年三月末的春，相比往年温暖异常，东江水畔的木棉早早盛放，沿着东江大道往北，远远便能望见鳒鱼洲标志性的烟囱和筒仓，在行道树掩映之下，这个“被遗忘的角落”越发神秘。踏入园区，商业空间里不少商户已经对外营业，行人来往，比从前要热闹不少。朝左侧的历史建筑群走去，抬头便被高大的连理枝惊诧，两棵树合生共长，见证了鳒鱼洲40年的光阴，在旁的饲料厂锅炉房、烟囱、原料立筒库早已功成身退，成为致敬时光的遗存。鳒鱼洲的过去，一半兴盛，一半衰落，一边烟熏火燎、锈迹斑斑的印记讲述着前半生热火朝天的工业辉煌，另一边实验室里的影像在向来客倾诉过去近20年的荒芜旧貌。

路过旧厂房向里走，穿过园区内的鳒鱼洲路，复行数步至厚街水道的岸边，河的此岸是鳒鱼洲的新造景——滨江游园，河的彼岸是粮仓遗址改造的文创园——工农8号，此岸彼岸，一衣带水，一同经历繁华、没落与复兴，蹚过岁月的河流，见证了两岸的变迁。滨江绿道两侧新栽种的草木生机盎然，苍翠葱郁的波士顿蕨，朴素柔美的芒草，临水而生的美人蕉、水葱更是清丽脱俗，阳光下到处荡漾着惹人爱的春色。天朗气清，漫步河畔，清风徐来，抚过衣角发梢，撩起粼粼水波，吹拂堤岸花草摇曳生姿，清脆悦耳的鸟叫声萦绕耳边，春和景明，大约如此。

沿滨江绿道前行，来到公园的小广场，不锈钢板铸造的文化景墙和地标立柱在一片绿意中尤为醒目，浓烈的时代氛围扑面而来。景墙上“始于1979”的字样承载了无限的风光，然而立柱上铭记的单位已然不复存在。两侧挡墙上的文字娓娓说着光辉的过往与对未来的期许，闲暇漫步的同时领略鳒鱼洲的历史兴衰。那日天气晴好，广场边大榕树下，一家人铺上野餐垫正享受着春日里温馨的野餐乐趣，孩童在愉快地追逐玩耍。转过身，简约现代的婚礼广场在夜晚灯光的装点下如梦似幻，船形的亲水平台，似在描摹当年繁忙的码头，置身于这般风景中，邂逅时光，也邂逅春光。

不出片刻，便走到水岸线尽头，折身向西回到园区的建筑区域，古朴的水塔伫立在鳒鱼洲的“鱼头”位置，仿若鱼眼，引领着鳒鱼洲前行。鳒鱼洲栉风沐雨，时过境迁，海关办事处旧址在改造保留着旧貌，对面的老厂房已经翻新，迎来新企业阿里巴巴入驻。向前经过又一个极具年代感并融合多种建筑风格的历史建筑——东莞市粮油食品工业公司门楼，门楼后面的一大片产业空间正在装修等待“新生”，修复了斑驳的墙面，换下了老式门窗。

绕行至鳒鱼洲路，这条路连接了园区两端，原来的水泥路面被改成柏油马路，两边保留了原生的高大树木，依然葱茏蓊郁，绿荫如盖。夜幕降临，盏盏藤球灯像萤火装点树梢，徜徉其中，舒心惬意，全然不见曾经的破落。值得注意的是，路边遗留了不少几经沧桑的残垣断壁，似乎与修葺一新的园区格格不入，但当看见上面附生的榕树展现出的勃勃生机，也就懂得了开发者对每一处草木生命、工业历史的尊重，春天才得以在这里放肆生长，处处充满朝气。

园区内除了工业历史建筑外，还有一片全新的建筑群“圆梦1979”，为三两幢相互连通的白色现代工业风建筑，与旧工业建筑比邻而建，相映成趣。在东莞的春天里，随处可见热情浪漫的三角梅，在鳒鱼洲的花丛里，三角梅也开得格外热闹，丛丛簇簇、肆意盛开，在白色建筑的映衬下，分外艳丽，让人移不开眼。在鳒鱼洲的春天里，同样令人瞩目的还有死在春天的老树桩和边上挂果的木瓜树。枯木朽株与累累硕果比肩而立，仿佛在描绘鳒鱼洲的时代命运一样，过去的工业诗篇在历史浪潮里死去，又在时代流变中重生，再开发成为文创园，生生不息，这也许就是春天。

## 工业诗篇再逢“春”

20世纪70年代，鳒鱼洲尚是一座未经开发的独立小岛，直至1979年，东莞食品进出口公司筹建的制冰厂和肉类加工厂先后投产，开启了鳒鱼洲对外贸易的新篇章。1981年，东莞县政府在鳒鱼洲填沙造地建立工业园，并建设了东莞第一批外贸货运码头，吸引了粮食系统相关企业及首批外贸企业的入驻。1985年后的十余年时间，鳒鱼洲迎来了一个空前繁荣的历史阶段。90年代以后，受市场竞争、企业改制和东江大道建设等多方面因素的影响，鳒鱼洲所有的企业、办事机构相继关停或搬迁，昔日的繁华归于沉寂。鳒鱼洲的没落，是一个旧时代的落幕，亦是一个新时代的开启。

随着后工业时代的到来，工业遗产作为一个特殊历史阶段的产物，越来越多地引起了人们的重视和反思，同时，对其保护与利用受到了更多的关注。鳒鱼洲工业区是见证东莞辉煌工业历史、改革开放进程的重要遗存，也是东莞三江六岸滨水地区开发的突破点，保护与利用这片工业遗存被提上城市更新的进程中，这让鳒鱼洲再度成为城市的骄傲。2017年，东莞市政府将鳒鱼洲工业区内“饲料厂烟囱及锅炉房”等6处建筑列为东莞历史建筑，将这些承载记忆的工业符号从覆没的命途中释放出来，这个搁置荒废13年之久的老工业区迎来发展转机，似乎在告诉人们，它从未沉寂。

2018东莞视觉艺术季暨“东莞作用”大型展览在鳒鱼洲启幕，让这块土地重回人们的视野。2019年，东实集团承担起鳒鱼洲工业遗存的保护与开发工作，对园区建筑在保留其原风貌的基础上进行改造施工，同时完成工业建筑遗产信息保存和《鳒鱼洲》纪录片的拍摄工作，用文字与影像为城市留下辉煌的昨天和独特的今天。2020年底，鳒鱼洲文创园全面开园，纪录片和新书正式发布，围绕“新媒体”和“工业设计”两大核心产业，吸引了一批优质商户进驻，致力于打造直播电商示范基地，助力东莞产业转型升级。短短两年时间，鳒鱼洲经历涅槃重生的改造，完成了从老工业区到如今的文创园的转型，重新焕发生机，相信鳒鱼洲未来带给东莞的惊喜远不止这些。

时间来到2021年，这片活力之地，跨越了又一个春天，也迎来了发展的“春天”。随着阿里巴巴东莞中心在鳒鱼洲开业，新的产业吸引大量人才回流沃土；东莞巴士开通鳒鱼洲赏春直达专线，市民乘公交即可至鳒鱼洲游观春景、坐赏春色。三三两两的游客驻足与春天留影，“速写东莞”的画者用画笔绘写岁月变迁，成为鳒鱼洲的春天里最旖旎、生动的风景。

1979—2021年，鳒鱼洲从繁华、没落到涅槃，时代会更迭，但荣光不会褪去，新的诗篇正由新一代人去书写，将在城市的进化中，迸发出新的生命力。鳒鱼洲，是过去的工业宝地，亦可以是未来的文化之洲。正如东实集团董事长刘波在开园仪式上所说：“昨天的鳒鱼洲，已经被文字和影像定格为永恒；当下的鳒鱼洲，记忆的泥土里长出了新绿，斑驳的墙壁上写满梦想。”曾经的鳒鱼洲换上了新装，以昂扬的姿态，回应着人们对春天的期待。

来鳒鱼洲，重温工业的梦想与荣光，遇“鳒”（见）朝气蓬勃的春天与未来。

# 在咖啡馆里过春天

郑友晴

春天第一缕轻柔的风吹来的时候，同我喝一杯花香味的咖啡。

## “五月”的第一个暖春

咖啡馆的轻慢惬意，与莞城老街的格调再相符不过了。我们在去年策划了一个东莞咖啡馆的专题报道，不过短短几个月，又有不少新生的独立咖啡馆冒了出来，带给寻访老城春色的我们连绵的意外之喜，就像一个个从古木粗干上探出头的嫩芽，摇晃着初放的娇绿叶身肆意蹿长，迎着三月明媚的风，招徕城里远近遍及的咖啡客，啜一口春日限定的特调。

上午的市桥万寿一路，开门的店铺不算多，行人步伐散漫，经过的服饰店播着轻柔的旋律，早些时候熙攘热闹的早餐店也客散云闲起来，尚未骄烈的阳光斜照在对街民居的楼层高处，阳台上盛放的花草与晒挂的衣服一同摆拂，与清风丽日谱出一首老街春曲。

不似南城的店大多遍布在商圈，莞城的许多咖啡馆须得寻觅一番。“五月暖居”是我在采买文具的途中发现的。寺前街是一条隐匿在莞中后门旁不甚起眼的小巷子，笔直的窄道似乎能一眼望到头。如今走在这旧路上，熟稔的课间铃声传来时，那些高中时候曾在巷口挑选面包，在巷尾添置学习用具的云烟光景，也都似远处面目模糊的行人，向我迎面而来。

五月暖居是一间让人心生探索欲的咖啡店。一栋两层的民居，空间不大，涂上了新的白色外墙，深木色的开放式窗台和门前的高脚桌椅沉稳又雅致，清新的浅蓝碎花布搭在台面上，巷子那头吹来的暄风晃动了下垂的深叶和布匹尾端，一间“老城咖啡”的朴素情调在门外就能一览无余。

初次经过时，店里年轻的咖啡师还在归置器具，看到我们徘徊的身影，便主动询问：“是想进来喝咖啡吗？需要稍等一会儿，机器还没热起来。”趁着等待的空当，我们与店主阿May开始闲聊。原先经营有一间服装工作室的她在去年四月决定迁址，骑着小电动寻遍了附近的大小片区之后，无意中发现了这家店在转让。“它的前身是一间名为Café Beauty的咖啡馆，我曾经也是这里的客人，那天我就站在店前面，盯着它已经关上的门，大约五分钟后，决定就是它了。”

“这家店安静的环境和舒服的氛围是我想要的。”头两个月阿May都只是在这幢小房子里忙碌着自己的服装琐事。二楼是服装工作室，一楼摆着她从家里搬来的咖啡机，用来招待到访的朋友。“但是总会有一些经过的人进来问有没有咖啡喝。大概是缘分驱使，我决定干脆就做咖啡吧，才挂上了五月暖居的牌子。”“五月”是从她的英文名字翻译得来，“暖居”则符合这里小小的空间和温馨的布局。“设计风格上我想带有更多暖意，而不是冷调，让待在这里的人感到舒服、自在。”

这份从店里弥散而出的温暖气息，从装修布置的格调上来，从热情和善的主客关系中来，也从冬去春至后的生活细节里来。去年十一月末到现在，“五月暖居”每天的营业大约从上午九点半开始。“巷子里的早上特别安静，开门后到十一点，是我每天最享受的时间，一边在店里收拾打理，一边听到清风吹动树叶的簌簌声，小鸟和猫咪娇弱的叫声，偶尔街坊穿行的脚步声，给我春天时节万物复苏的活力感，是一种区别于上个清冷寒冬的舒适氛围。”

如今是“五月暖居”经历的第一个春天，老城的春色撩动在路口冒生的新绿，墙头娇媚的鲜花，挂上迎客标牌的新店，和咖啡馆一杯花香四溢的限定特调里。今年春季“五月暖居”主推含有桂花、茉莉花的新品，“正是当季，花的清甜与春天十分相符，我拿它们来做美式和拿铁，轻盈的口感就不会像冬天那么浓郁”。

花饮之外，果咖是菜单上另一类自带春韵的品种，从西柚、甜橙到草莓，每一味创意的碰撞都少不了阿May的用心和细致。“因为咖啡本身很苦，我就想在口味上多做一些尝试，果咖既是我自己的偏好，也是为了迎合大部分女生的喜好。”口感的融合与协调是她在品控上的追求，而对原材料的甄选则是每道饮品保质的基础。“在选豆方面，我更关注口味的平衡感，相比定位高端的豆子我更偏向性价比高的，对牛奶、酒、茶的选择也一样。”

对甜度的把控是她在与客人交流中留意到的另一点，“现在很多人都会注意控糖，我们的宗旨是饮品中不再另外添加糖浆，除了香草、榛果这类既定的风味，尽量保证一份咖啡的自然醇韵”。二月春回后，阿May把店里墙上装饰的卡片新换了一番，萃取一杯桂花拿铁，每个清亮明媚的日子就在早上第一缕吹进窗台的和煦春风里翻开了。

## 你喝过粤S的咖啡吗

要说粤S是代表东莞的车牌代码，那莞城就是东莞轨迹里不得不谈的文化符号。每一辆驶进莞城的“粤S”都意味着城市日新月异的步伐，而许多属于老城区的旧貌陈景也随那些转身驶去的车尾一同退散。过时的事物像停滞的岁月，改建的新建筑似路旁树干上拔节生长的嫩芽，是三月春风拂过，写给老街的诗。

新风路是莞城老街里不算醒目却也特色鲜明的一条，服饰商圈在这里俯拾皆是，本土餐饮品牌从这里孕育。街头一幢闲置的“计划生育服务中心”是过往历史刻在城市深处的既证，临街二楼阳台的盆栽躲在树荫下开出了粉白的花，马路对面的莞城中心小学分校在旧址外拓建了新丽的高楼，身后的小巷那头一株迎春的三角梅艳丽了行人流连的眼。年轻的粤S CAFE就落址在这条岁月深处的街。

店主赖先生是一位善虑的95后，对咖啡的兴趣源自近两年在Kilos咖啡馆的饮咖啡经历和身边人的言传身教。去年十一月，从上一家工作单位离职的他，决定回到承载了自己少年光景的新风路，经营一家独立咖啡馆。“其实现在在东莞咖啡行业的竞争很大，可能没几天就冒出一家新店，考虑到技术经验和铺租成本的问题，开在这里是较好的选择。”

粤S简单素净的装修风格十分亮眼，宽敞的前厅中央只摆有一套桌椅，与右侧的白墙油画搭出一方意趣景致。进门左边则是截然不同的味道，充斥着原木元素的日式设计予人亲近质朴之感，有人倚着圆木台坐在窗边，有人就着方桌与朋友对谈，似乎不同人群的需求和情绪都能在这里得到片刻安放。“简约风是我想要的整体基调，实际上每天傍晚的时候，忙过了下午客多的一阵，街上的人流也散去，店里灯光与夕阳相互映照，是我很享受的时光。”

年轻化的观念和设计总是更为吸引同龄的客群，许是一首耳熟能详的老歌，许是一杯清新爽口的柠檬炸弹。粤S在饮品设置上大致分有意式咖啡、创意咖啡、气泡饮和茶饮几类，口味的调试和品种的完善都是店主还在持续跟进的部分。“店里的拼配豆选用了一款中度烘焙豆，这样口感不会过分浓郁，预计下个月会推出手冲咖啡，我偏向选择耶加雪啡的果丁丁系列这类果酸感稍强的豆子，当然也会根据时节适当调整。”

独立打理一家咖啡馆不是一件容易的事，过去的几个月，他忙着跟单出品，研发新款，练习手冲，春天的新绿也在不经意间蔓延在了粤S的咖啡杯里。“天气回暖，比较明显的感受是客人点单逐渐从热咖啡转向冷饮，如果要说换季后待在店里的氛围差异，在哪个瞬间体会到春天来了，我想每个人都会不一样，这是个见仁见智的问题。”

若是把桂花拿铁视作一间咖啡馆特饮的春日限定，那么粤S出品的特调风韵十分值得一试。咖啡的醇与花香的清交融相成，温和的口感细腻又鲜甜，桂花轻浮表层，饮一口四溢的清香，似能品出半分春日滋味来。东莞的春天总是稍纵即逝，一不留神就在掉落的花瓣和满枝的青果里逃走了，或许把日子放慢些，在悠然的老城和清闲的咖啡馆，春色也在不舍人间。

S CAFÉ

# 春至，吃茶去

冼金凤

“即便是同样的主人和客人聚在一起，无数次举办茶会，也无法重现那一天的情境，还请大家当作一生仅有的一次机会，用心对待。”这句箴言出自电影《日日是好日》。春天又何曾不是一期一会呢？春去还会再来，但每个过去的春天，都是唯一的一个春天。就算是同一泡茶，在不同时间段，味道也不尽相同。如此说来，应是年年岁岁人不同，岁岁年年花亦不同。春光无限亦有限，不多说了，喝茶去吧。

春山茶园摄影@Yasasi Rajapakse

## 春来何事？闲坐檐下，清水煎茶

即便春天不是我最爱的季节，但也躲不过万物复苏的魔法，似乎春天来了，一切都有了从头来过的勇气。这样说来，四月便不像艾略特所说的最残忍的季节。如果三月是花事缤纷的，那四月则属于那漫山的茶树。似乎总是那样，每年春风细雨几度来访后，枯槁的山头便开始一点一点地绿起来，散落在山间的茶树饱饮春露，不约而同地焕绿抽芽，那满目的翠色，直叫人心情豁然开朗。微风拂过，阵阵茶香混着泥土的气息沁入心田，人未饮，已经先醉了。

或许是因为从小在乡村长大，季节感仿佛早已融入血液，每到这个时候，我就开始想念故乡的春天。在细雨朦胧的四月，背起篓筐跟着大人们上山，漫山寻找那野蛮生长的茶树，山谷里时不时传来即兴的山歌，采茶跟春天一样令人雀跃。人们将新鲜采摘的茶叶放在山间清溪里冲洗，以保存春雨的味道，待茶叶微干，再置于砂锅中翻炒杀青，然后再揉捻、晾干，这便是我对春茶最深的记忆。

既然无法循着记忆回到童年，也不能即刻远行采春，那喝一杯春茶，聊一聊茶的故事总是可以的。在春天，应该喝什么茶呢？带着好奇心，我探访了一盏茶学堂的主理人——张健。“今年春天不去茶园采茶吗？”我问。“春之计，在于茶。茶叶是个时辰草，早采三天是个宝，晚采三天变成草。现在正是茶农一年最忙的时候，怕是没时间招待我们。”他一边气定神闲地泡茶，一边回道。

在张健的记忆里，茉莉花茶是他对茶的最早认识。他侃侃而谈：“年少不知茶滋味，小时候以为茶只有一种味道。”直到后来才懂得，不同的产地、不一样的制茶方法，茶的味道各有千秋，就算是同一壶茶，在时间的作用下，茶的味道也是不尽相同的。尽管身在茶行业多年，去过很多茶山，喝过各种茶，认识许多茶人，听闻过许多茶事，他坦言自己仍是“茶小白”。

就像电影《日日是好日》里的台词所说的：“世界上有两种事，一种即刻就能明白，一种则是一时半会儿不能明白的。即刻就明白的事，只要经历过一次就行了，但是一时半会儿不能明白的事，要花漫长的时间，慢慢消化。”茶之美妙，注定要用时间去发现，用身心去感悟。

春茶，顾名思义，指的是用茶树在越冬后萌发的芽叶采制而成的茶叶。春茶又分头采茶、明前茶、雨前茶。陆羽在《茶经》里写道：“凡采茶，在二月、三月、四月之间。”因此，常有人说，春天就是一场热热闹闹的茶事。说到采茶，在大多数人眼里，茶农总是在腰间斜挎着一只小竹篾茶篓，不疾不徐地采茶。或许只有像张健这类身在茶行业中的人才知道背后的辛苦。

“茶青的标准是一芽一叶，所有虫伤叶、紫芽叶、雨水叶、节间过长叶、开口芽梢皆不能入选；同时要求芽头须大小一致、老嫩一致、色泽一致。为了冲泡时保持青绿，避免出现“红梗”，芽头只能轻轻折断，而不能用指甲掐断。没有好眼力、好手法，一整天下来也摘不到一二斤。”听完这一席话，我的思绪飘向远方茶山，遥想那勤恳的采茶人天色微亮便出没在茶树间，开始一天的采茶工作。唯有珍惜手中的这杯茶，才不负采茶人，不负春光。

常言道，一口春茶一口鲜。一杯春茶，就是生机盎然的春天。春天，是最适合喝绿茶的季节。绿茶又以西湖龙井最负盛名。前有元代虞集的《游龙井》，“烹煎黄金芽，不取谷雨后。同来二三子，三咽不忍漱”；后有高濂在《八笺茶谱》里特别介绍虎跑泉泡西湖龙井“香清味洌，凉沁诗脾”，二美兼备；清乾隆皇帝曾六下江南，亲封胡公庙前的十八棵茶树为“御茶”的逸事更是流传甚广。

绿茶何其多，又岂止西湖独有？海南五指山下的白沙绿茶，是一年中最早的绿茶；山东的日照绿茶，虽生于黄河之滨，但回味甘醇，被誉为“中国绿茶新贵”。江苏的洞庭碧螺春，唯生于太湖烟水朦胧的东、西二山之上，康熙南巡至苏州太湖时，对这种汤色碧绿、卷曲如螺的茶倍加赞赏，但觉得“吓煞人香”其名不雅，于是题名“碧螺春”。洞庭碧螺春白毫毕露，银绿隐翠，清香幽雅，清代诗人陈康祺曾以诗赋之：“梅盛每称香雪海，茶尖争说碧螺春。”

四川峨眉山的竹叶青，形如竹叶，色如翡翠，所谓“高山出好茶”，峨眉山上的竹叶青不仅鲜爽回甘，营养价值也更高，自唐宋以来就被列为贡品。安徽六安瓜片，茶中奇葩，是唯一无芽无梗的茶叶，由单片生叶制成，且求“壮”而不求“嫩”，明代三位诗人曾联手为其作诗，曰：“七碗清风自六安，每随佳兴入诗坛。纤芽出土春雷动，活火当炉夜雪残。陆羽旧经遗上品，高阳醉客避清欢。何日一酌中霖水？重试君谟小凤团！”

浙江安吉白茶 ，虽然名字带“白”，却是一种实实在在的绿茶。其叶白脉翠，形如凤羽，朵朵可辨，滋味鲜爽，饮毕，唇齿留香，回味甘而生津。产自贵州的都匀毛尖，紧细卷曲，色泽嫩黄，毫毛满布，香清高，味鲜浓，被誉为“北有仁怀茅台酒，南有都匀毛尖茶”……一方山水养一方茶，天南地北，各个地方的绿茶形状各异，味道各有千秋。借用张健老师的话来说：“在绿茶界，中国是最有发言权的。”既然如此，那在春天，其他什么茶都可以暂且搁置一边，先喝上一杯绿茶再说。

（蔡嘉宇　摄）

## “无由持一碗，寄与爱茶人”

中国的茶，有禅人之茶、商人之茶，也有凡人之茶、茶人之茶。禅人之茶，美心进德；商人之茶，经邦济民；茶人之茶，茶与艺兼修，追寻本真，将茶视为人生的一部分。古人爱茶，古有陆羽著《茶经》，卢仝作《茶铺》，刘松年画《撵茶图》；群贤雅士“或十日一会，或月一寻盟”，同坐松树下，对饮花鸟间；黎民百姓则相聚在茶肆里斗茶作乐……

古人喜欢在春日设茶宴，与三五知己于花间共饮。譬如，唐代吕温在《三月三日茶宴序》中就写道：“三月三日上巳,禊饮之日也。诸子议以茶酌而代焉。乃拨花砌，爱庭阴，清风逐人，日色留兴。卧指青霭，坐攀香枝，闲莺近席而未飞，红蕊拂衣而不散。乃命酌香沫，浮青杯，殷凝琥珀之色。不令人醉，微觉清思；虽五云仙浆，无复加也。”三月三，是除凶祭祀日子，众人商议以茶宴代之。于是大家出门踏青，春光和煦，嫣红缀枝，庭栏楼阁，清风习习，有人在绿荫下静卧，有人坐攀于花枝之间，黄莺嬉戏花间，花蕊随风落于衣衫之上。这时沏上一杯香茗，茶色如琥珀，品上一口，清爽滋神，就算是玉露仙浆，也比不上这杯茶。此情此景，令人神往不已。

时至今日，现代人早已抛却“松花酿酒，春水煎茶”的仪式感。恐怕唯有爱茶之人，才希冀在春日举行茶会，在满满的仪式感中短暂穿越回到那个文化馥郁的时空。早在初春二月，一盏茶学堂就举行一期一会的春日雅集，一群爱茶之人，因茶而聚，共赏春光。他们从案牍琐事中脱身，衣洁履素，远道而来，入场净手，相视而坐，一边赏乐，一边品茗，闲谈逸事，交流茶艺，食乡野之味，颇有古人品茶之韵味。

说到过春天的仪式，茶学爱好者阿木有着自己的过法。广西贺州是阿木的家乡，每年三月三，是最隆重的过春仪式，人们穿上自己的民族服饰，赶歌圩，对山歌，吃五色糯米饭，跳竹竿舞……这让她每逢春至必怀乡。尽管身在都市追梦，但过春天的仪式感是必不可少的，“不饮春茶怎知春已至，备好器皿与茶叶，邀上三五茶友，来一场明前茶品鉴，抑或乘坐开往茶园的列车，寻访春天的足迹。”她常说，仪式感是必不可缺的，生活的乐趣和意义往往就蕴藏在这些大大小小的仪式感之中。

都在说古人怎么品茗、茶人如何喝茶，那我们普通人怎么喝茶呢？张健老师并没有直接回答，而是先为我介绍了白族三道茶：第一道苦茶，色如琥珀，滋味苦涩，焦香扑鼻，喻意“要立业，必须吃苦在先”；第二道甜茶，碗内放红糖、核桃肉，冲入沸滚的茶水即成，入口香甜，寓意苦尽甘来；第三道茶，茶碗中放入少许花椒和一勺蜂蜜，然后冲入滚沸的茶水，甜、苦、麻、辣滋味俱全，回味无穷，寓意人生要经常回味，不忘先苦后甜。谁道人生好滋味，一苦二甜三回味，三道茶蕴含了白族人对人生的理解与感悟，是他们借茶喻世的一种茶道形式，也是重要的待客礼仪，风俗独特，远近闻名。

“就像白族有白族的茶道，客家人喜欢喝擂茶，潮汕人的工夫茶也有自己的喝法，但这些用在蜀地、江浙一带都是行不通的，不同的地方、族群有着不一样的茶道。所以，中国茶道是多元包容的，百花齐放的。”听完张健老师这一席话，幡然领悟。如同人生没有唯一的路，喝茶也没有唯一的道可循，佳茗也好，粗茶也罢，唯有自己尝了才知。

谈到此处，又想起作家简媜对茶的论究，她说有人喝茶喝的是一套精致而考究的手艺；有人握杯闻香，交递清浊之气；有人随兴，水是好水，壶是好壶，茶是好茶。大化浪浪，半睡半醒，茶之一字，诸子百家都可以注解。她终究不似陆羽的喝法，直呼："我化成众生的喉咙，喝茶……且把手艺拆穿、杯壶错乱，道可道，非常道，至少不是我的道。我只要一刹那的喉韵，无道一身轻。"

在她看来，所谓佳茗，即是茶、壶、人一体。所以，随心所欲饮茶。就算是粗茶配了个缺角杯，只要人悠闲，窗外景色可期，沏茶独饮，也格外舒适自在。不管是在春天还是冬天，无论是囿于高楼大厦，还是困于生活琐事，或许一杯茶的时间就能让人找回安静的自己。就如简媜在文末所写："记起禅师的叮咛：吃茶去！煮水、沏茶。深夜的街道偶有叫卖声，像梦境边缘的巡更人。白日的喧嚣随风而逝，变成遥远的过去，我会单纯地喝着茶，想或不想，写或不写，存在或不存在。茶吃完了呢？洗钵去。"（本文图片除特别标注外，皆由一盏茶学堂提供）

（冼金凤 供图）

# 正是“食野”好时节

蔡妙苹

**四季以春为始，脚步所及之处，暖阳普照，遍地都是春天的能量，是与好友相约一起外出踏青、赏花游玩的好时机。春风和煦，除了闻风而发的鲜花绿草，蛰伏了整个冬天的野菜亦初探幼嫩的芽尖，撩拨着每个人的味蕾，春意正浓，此时正是吃野蔬的好时候。**

## 菜市场里寻春天

“春雷响万物长”，伴随着阵阵雷声，春雨淅淅沥沥，滋润着万物，大地焕然一新，处处蕴藏生机。田野里翠绿的荠菜、竹林里冒尖的春笋、山坡上成片的蒲公英、香味霸气独特的香椿……都能成为桌上的美味佳肴。对于生活在城市里的人来说，菜市场便是寻找野菜的好去处。

细村农贸综合市场是莞城品类最全的农贸市场之一，水果蔬菜、零食小吃、干货海味在这里应有尽有，这里既是师奶们的“淘宝”圣地，也是小孩们的零食天堂。惊蛰刚过，细村菜市场的摊主们不约而同地腾出一点地方来，将山间田野里的新鲜野蔬搬进市场里，为自己的摊位增添一点春天的芬芳。

一走进细村菜市场就听到了熟悉的吆喝声，眼前一片都是花花绿绿的瓜果蔬菜，荠菜、香椿、春笋、韭菜……各式蔬菜按类别摆好，菜叶子上挂着晶莹剔透的水珠，在摊位灯光的照射下青翠欲滴，新鲜诱人，我们想要找的“土味”在这里应有尽有。常言道，“春食野菜赛仙丹”，野菜有着一种大棚蔬菜缺少的天然清香，在懂吃的人看来，野菜便是春天最珍贵的馈赠。

被称为“树上蔬菜”的香椿是春季各色野菜中的“春味”担当。初春，香椿树的枝头悄悄抽出新芽，散发阵阵清香，待到谷雨前后，香椿芽嫩叶厚，绿叶红边，香味越发浓郁独特。香椿作为宴宾之名贵佳肴，俗话说，“雨前椿芽嫩如丝，雨后椿芽如木质”，其口感的“保鲜期”短，太早吃味淡，过晚吃则味苦，谷雨前十几日便是吃香椿的最好时机。就这样，香椿便成了许多人翘首以盼的春季限定时令菜。

说起香椿的吃法，还是汪曾祺笔下那一道“香椿拌豆腐”最为经典。水开之后放入香椿，稍稍一烫，梗叶由红紫转为碧绿，捞出后撒上几粒细盐，剁碎了与豆腐拌在一起，淋上香油，再佐以调料。豆腐的洁白细腻，搭配香椿的翠绿清新，豆香与香椿独特的香味交杂融合，青白可口，层次丰富，难怪说是“一箸入口，三春不忘”了。香椿作为春日必品的美食，不少人除了爱尝新鲜香椿，为了挽留住这一口鲜，还会将其腌制成香椿酱，以便在未来的这一年里都能随时回味这一口鲜美。

说起鲜味，自然就少不了荠菜。荠菜萌于严冬，茂于早春，是野菜中最早的报春菜。春寒料峭之时，荠菜就已经在田间地头播撒出成片的绿意，二三月间更是长满山间田野。就连苏轼对它也情有独钟，曾在信中向友人赞美荠菜“君若知其味，则陆八珍皆可鄙厌也”。而陆游也曾作诗云“日日思归饱蕨薇，春来荠香忽忘归”，可见荠菜与生俱来的鲜味，真让人欲罢不能。

荠菜的做法有很多，清炒、做汤、煮粥、调馅，都别有一番风味。不过人们大多用荠菜作凉拌，就图荠菜的鲜，可口耐嚼，越嚼越能感受到它的幼嫩和清香。范仲淹喜爱把它腌成咸菜，“陶家瓮内，腌成碧绿青黄；措大口中，嚼出宫商角徵”。也有不少人爱用荠菜包馄饨和饺子，荠菜与肉末巧妙融合，恰好中和了荠菜的苦涩和肉的荤腥，一口一个，口感清爽，回味余甘。

除了香椿、荠菜之外，市场里还有许多不知名的野菜。我们在细村菜市场里逛了几圈，在一家摊位上发现了许多平日不常见的绿色青菜，不像别的摊主把菜摆得精致，这家的青菜按品类随意被堆在一个个白色泡沫箱里，茎叶混合掺杂，混杂着泥土的气息，像是刚被采摘回来似的。我们与老板娘细聊才发现，原来这个摊位就是专门卖野菜的。

“这个叫面条菜、辣椒叶……”老板娘如数家珍，“这个就是蒲公英呀。”与平时见到的白色绒毛小球不同，这里的蒲公英是刚长的嫩苗，清热解毒，是药食兼用的食物，平时有热气喉咙痛，用它煮水喝，十分见效。要是用作凉拌就更加原汁原味，摘取鲜嫩的蒲公英叶子，用开水稍稍一烫，拌上芝麻香油，弹一点点细盐，清淡味甘。

## 追着时令吃蔬菜

春季的菜市场里除了有各类野菜，也少不了新鲜时蔬的坐镇，“尝鲜无不道春笋”，春笋便是其中一个。等春雷，候春雨，春笋浸润着春雨，在一场场雷雨过后时刻准备“出场”。春笋自古以来就是菜中珍品，《尔雅》中称其为“竹萌”，意为初从土里长出的竹子嫩芽，是大自然生命力的象征，也是时令的恩赐，给幽静的竹林平添了一点烟火气。

春笋的周期较短，三、四月份是吃笋的佳季，肉质爽脆的春笋媲美鲜肉，旧时就有“一根竹笋一顿肉”的说法，是不可多得的山珍。老饕苏东坡也曾吟诗道：“可使食无肉，不可居无竹。无肉令人瘦，无竹令人俗。”若要不瘦又不俗，还是天天肉烧竹，笋之美味更甚于肉，只有吃过春笋，才算是过了春天。

春笋肉质醇厚，入菜取其“鲜”，无论炒、炖、焖、煨，皆是美味。被称为“一啜鲜”的苏帮名菜“腌笃鲜”就尤为讲究笋的鲜，即使没有吃进嘴里，鼻子里也满是笋的鲜味。将腌肉、百叶结和姜葱等汇于一锅，再加入几块切好的新鲜笋块，经过几小时的熬煮，腌的咸香、笃的浓厚、笋的鲜甜尽收于味蕾之上，“最是一年春好处”便都在这一口里了。而油焖笋更是常见的佳肴，剥开笋衣后露出黄色的笋肉，将其切成小段，放入开水里焯去涩味，再入锅翻炒，白嫩鲜甜的笋肉被热油逼出焦香，加水焖煮，再经酱油和白糖提味，色泽浓郁，让人不知不觉就多添了一碗饭。

被列为民间四大鲜的春韭默默在地底下汲取养分，经过了一个冬天的历练，阔叶吸收雨露，泛着翡翠一般的光泽，绿意灼灼，在阳光的照耀下流光溢彩。待到早春时节“一畦春韭绿”，清香馥郁，更是不可多得的美味。韭菜“春食则香，夏食则臭”，虽四季皆生，但春天的头茬韭菜更是娇嫩鲜美，香气浓烈，被视为韭菜中的佼佼者。春韭根白如玉，叶绿似翠，越是简单家常的烹饪方法，越能将春韭的清香显现出来。

“炒”便是料理韭菜最简单的方法，韭菜炒香干、韭菜炒蛋、素炒韭菜……都是春天里的家常小菜，只需用大火爆炒，便香气四溢，勾人口涎，最大程度保留了韭菜的鲜美。比如韭菜炒鸡蛋，它是春天里的鲜之味，碧绿的韭菜和金黄的鸡蛋搭配，色泽亮丽，吃进嘴里满口生香，可以配米饭，也可以佐白粥，能登大雅之堂，也可入平常百姓家。

春天不吃口野蔬难免会觉得有些遗憾，清芬鲜嫩的野蔬，自然生长在田野山间，吸取日月精华，采集天地灵气，蕴含自然的味道和泥土的清香，是独属于春天的滋味。野蔬作为春季的限定美食，不仅给平淡的菜市场带去春日的生机，也给我们的生活增添了一点春意葱茏的小清新。

# 春食艾草正当时

香晓颖

**三月的东莞，春雨绵绵，万物滋荣，四处充满春天的气息。在雨水的滋润下，田间地头的草木疯长，艾草也长出嫩绿新芽，散发出阵阵芳香。东莞人鲜少食用野菜，唯独鲜嫩的艾草，是东莞人味蕾上挥之不去的春天味道。**

## 东莞人的春天，是艾叶飘香

长久以来，艾草与中国人的生活有着密切的关系，每至端午节之际，东莞人都会将其悬挂于门户或做成香囊佩戴以辟邪驱瘴。除此以外，艾草在我国还有悠久的药用和食用历史，它不但可以入药驱寒、祛湿，制成艾条供艾灸保健，干枯艾叶还可点燃熏烟预防瘟疫，因而，这株普通但却有广泛妙用的野草，又被称为“医草”。南方常年气候湿热，易患瘟疫，于是智慧的古人，本着“药食同源”的理念，将春天的嫩艾叶混合糯米粉做成美食，既能获得味蕾上的满足，又能保健、预防疾病，形成了独特的中国艾草饮食文化。

百花艾,又称田艾（图源：《家乡味道》）

清明前后，刚冒出新芽的艾草最为鲜嫩，也是食艾最好的时节，艾草味甘微苦，香气十足，用艾草制糕点是全国各地最普遍的食用方法，江浙地区的青团、江西的艾叶米果、闽南的艾草粿……各地的艾草小食各有千秋。在东莞也有食用艾草的习惯，每年农历二月十九日为传统的观音诞，在这一天，民间会制作艾寿桃供奉观音，人们也会制作艾角、艾饼等小吃食用，寓意辟邪去瘟，这个传统一直传承至今；而在清溪镇等客家地区也流传着“清明前后吃艾板，一年四季不生病”的说法。

野生艾草生命力极强，多长在田间地头或荒郊野外，立春后稻田尚未开耕，艾草就长满稻田，被视为野菜一宝。在曾经物质匮乏的年代，人们每到春天就会从田间捡艾回家做成美味，这些美味成了很多人小时候的回忆。东莞人常食用的艾草有两种：一种是五月艾，俗称地艾，枝长叶厚，叶面带有细细的绒毛，是最常见的艾草品种；另一种是百花艾，长于水田，又称田艾，叶子狭长，枝头

右：（爱东莞冯静、赵洽锐　供图）
左：（《家乡味道》供图）

有白花，植株低矮，艾香味更浓郁，旧时莞人多食用这种本地艾草。随着时代发展，农田减少，野生的田艾越来越少，地艾成为人们食用的第二选择。

东莞食用艾草花样繁多，以鲜艾入膳，做成艾草煎蛋、艾草鲫鱼汤、艾角、艾饼……不同镇街都有不同的做法，正所谓春日吃艾，各有所“艾”。莞城、厚街等水乡片区，大多喜欢像包饺子一样做成“艾角”或“艾堆”；在虎门、长安一带，又以“艾薄餐”较为常见，顾名思义即为艾草制的薄煎饼；而在清溪、塘厦等山区镇街，则以客家风格的“艾粄”居多，包好内馅压成扁圆状，并且分甜咸口味。但无论是什么风味，主角仍是那春季里最鲜嫩多汁的艾草。

## 食艾，食情怀

艾草制作小吃看似简单，但工序繁多，采摘新鲜艾草便是制作的首要环节，野外采摘艾草又叫“捡艾”，摘取鲜嫩的茎叶部分，余下的茎叶还能继续萌发新叶。从田野采摘到艾草后，需要反复清洗，将泥沙去除干净，洗净之后沥干水分，就可以开始制艾。先将艾草剁碎成泥，接着放入锅中煮熟，并加入适量的白糖调味，煲成艾草水，把糯米粉和面粉按照一定比例进行混合后和成面团，掌握面团的湿度是制作艾堆、艾草的关键。制作艾堆是用湿面团，取小块面团搓揉成球，放入锅中轻轻按压成饼状，煎至表面焦化，艾堆色泽金黄，香软酥脆。

艾角的制作要比艾堆复杂，口味也相对丰富很多，甜咸皆宜。将煮沸的艾草水倒入糯米粉中和粉作团，揉搓至粉团干爽松软后，分切为剂子，擀成适当大小的薄面皮。接着根据各家喜好，包入提前备制的馅料，有人喜欢包上花生、芝麻及白糖等馅料，也有人喜欢用眉豆、绿豆做馅，还有人会用菜丝、冬菇等做馅，各家喜好随人心意。然后像包饺子一样捏合，包出麻花边，一个青绿饱满的艾角就完成了，最后再垫上就地摘取的冬叶或蕉叶，放入蒸笼蒸制20分钟左右就可以出炉，蒸熟后的艾角散发着清新香气，口感软糯，让人垂涎欲滴。

（爱东莞冯静、赵洽锐　供图）

艾草要制作成食品需要经过烦琐的工序，但是，对于家住洪梅的仙姨来说，却十分享受这份烦琐。仙姨非常喜欢做艾角，除了做给家人吃，还会分给亲戚朋友，让他们一起感受一下这满满的春天味道。据仙姨介绍，有时间她也会去田间地头采摘田艾，而现在的农贸市场有时也会有人售卖，每次遇上有人售卖田艾，她都会买上一两斤做艾角。“艾角做起来不算难，就是比较费时。”品尝着刚新鲜出炉的艾角，仙姨微笑着说道，“一家人围在一起边做艾角边闲话家常，也是一种很好的维系感情的方法。”春季食艾，是一种应节的传统，更是一种美好的情怀。

艾草是春天馈赠的美味，小小的艾角是东莞人对春天的诠释，承载了一代又一代东莞人对传统美食的美好回忆。旧时东莞人吃艾角都是自己在家动手做，如今越来越少的人自己制作，多数人会选择购买现成的艾角。亲手制作也好，市场购买也罢，艾角承载的依然是不变的情怀。无论过去还是现在，艾草都是东莞人最惦念的春天味道，对于许多东莞人来说，在春天里，咬一口艾角，那才算过了春天。

（东莞时间网 供图）

# 甜蜜春事

郑友晴

我们嗅香、识苦、品鲜，对酸甜咸辣的口味的认知都源于自然，从自然孕化的千百滋味衡量着我们的与世标准，尝过蜂蜜的甘纯，便大抵知晓“甜”之清冽与动人。

当三月的春风暖化冬日的清寒，也催醒了无数短暂“休眠”的小生命。田野间新生的野菜泛着嫩绿，路边的蒲公英开出了细绒飘逸的花球，悠香浓郁的艾草繁密待摘。荔枝树枝头簇集的浅黄色花串津甜四溢，赶赴而来的蜂群采撷花蜜，轻盈的细足停靠在花穗之上，惊落了蕊尖莹亮的玉珠。

春天里不乏苦味，食苦养身，但在万象更新的时节，让人不免心生觅甜之意，想尝新年以后的第一口春蜜，想吃一块软滑细腻的麦芽糖柚皮，想偷食一块治愈心灵的甜品。好似春天吃一口甜蜜，这份甘甜就能从春天蔓延至四季，从味蕾盈润至心田。

（宣教文 供图）

## 寻“蜜”

绵密的丝雨是天空捎来的春信，或待放或斗妍的群芳释放着大地仲春的讯息。有时候雨连下几日，就惹得绽放不久的花瓣纷纷飘零，落英铺得满地，似春天在水泥地上编织出的长匹锦布，让高处的馨香唾手可得，日日相同的路景也忽地浪漫起来。花开有期，春风有时，但总有片刻春色被人封存心底，就像一粒埋下的种子生出幼苗，一个放飞的风筝收在橱柜，一首感怀春日而落笔的诗，一瓶养蜂酿取而成的荔枝蜜。

天然蜜原本是蜂群与植物的密语，而后人力的介入让量化的蜂蜜成为了我们的桌上佳食。蜜蜂辛勤的身影终日忙碌在花丛与蜂巢之中，它们的生活简单又有序，但感到威胁时的攻击性却使人敬而远之。养蜂人是蜂群和蜜源地之间的把控者，也是蜂蜜与食客之间的联结者。中国有四条贯穿南北的放蜂路线，一批批转地放蜂的蜂农们全年都流转在路途之上，带着装箱的自养蜜蜂循着四季花期，赶赴各地。

东莞是广东一线的采蜜驿站之一，有不少熟悉花区分布与环境的养蜂人会在每年如期而至。星罗棋布的荔枝园是东莞特有的景象，三月往后，正是荔枝花集中盛放的时节。从韶关来莞的蜂农瑞叔和英姨夫妇，已经连续四年是南社古村荔枝园的“座上宾”。他们有着与蜜蜂一样的敏锐触觉和勤勉品格，总能按时捕捉到鲜花的春讯和飘香的蜜语。在东莞停留的半个月他们行囊简陋，随行的两百箱蜜蜂、做饭的灶和锅碗、睡觉的床和帐篷，就满足了每日的基本物需。这看似轻便的生活，却有着超乎想象的繁重之处。

间隔一周的采蜜频率是瑞叔夫妇保证品质的秘诀，细滑鲜润的口感让他们的蜂蜜名声在外，获得了周边不少“蜜友”的钟情和追随。天气晴朗的日子，两人几乎衣不解带，从凌晨劳作至深夜，分箱、取蜜、摇蜜、过滤、装瓶，每个环节都须得轻慢谨慎。果香馥郁的春蜜就诞生在每个明媚温煦的四月天里。春蜜的知名度和成熟度虽不及冬蜜，却也是味美质优的高营养品种。而岭南特有的荔枝蜜、龙眼蜜都是春蜜佳选，每一口蜜的清甜，都似春日清风拂过，心神畅怀的安然瞬间。

## 甜“新”

在转地放蜂人之外，东莞同样有一批扎根本土林场，把养蜂酿蜜作为终生事业的耕耘者。清溪镇地处银瓶山南麓一带，境内遍布的森林和清澈的水流保留着自然的原始风情，漫山繁杂的蜜源植物是不可多得的养蜂地域。古镇清溪是客家人聚集地，除了人文沿袭之外，饮食习惯也在百年间得到了传承。是谓客家人“万物皆可酿”，酿菜以外，蜂蜜酿造技艺也是他们世代相传的独特手艺。

梁氏一家是当地颇有名气的养蜂专业代表，从驯化野蜂、钻研养蜂酿蜜技术，到成立蜂蜜专业合作社、推动“荔枝蜜酿造技艺”列入省级非遗名录，他们是东莞养蜂行业当之无愧的“领头人”。而今，这份家族事业已经传到了第四代梁伟东身上，他不仅多年坚持改进和推广酿蜜技艺，入选第五批东莞市非遗代表性传承人，还作为合作社负责人，帮助当地村民踏上养蜂的脱贫之路。

梁伟东致力于把清溪的荔枝蜜打造成特色物产，如何与市场结合是他一直想要攻克的重点。一方面是瓶装蜂蜜的保存，他们用“低温脱水提纯技术”解决了包装后发酵外溢的问题，同时提高蜂蜜纯度，使其味道保持五年不变。另一方面是衍生产品的持续研发，“我们坚持每半年开发一种新产品”，目前在茶叶、腊味、糕点和粽子等种类上皆有涉足。把蜂蜜的更多新用法带到人们面前，是他们承袭至今的甜蜜事业。

想在春天品尝一份新鲜的甜，除了自然馈赠的荔枝蜜，人工烘焙的甜品也是不少年轻人热衷的选择。疫情常态化后的首春，一批装修精美的甜品咖啡店陆续冒出了头，招引了远近嗜甜好新的人们上门打卡，用一口蛋糕的甜润调和咖啡的微苦。许多营业数年的老店也纷纷推出了限定新品，创意糕点里交融着当季食材的鲜甜，咬下一口软糯的点心，似乎把春天藏进心里，来日夏末秋瑟时，化作一坛醇郁幽香的青梅酒，把甘甜封存在酸涩里，将思念化解。

# 一口春味唇齿间

冼金凤

自古以来，东莞物产丰饶，过去素有鱼、米、果之乡之美誉。东莞一年四季树木常青，瓜果飘香，如杧果、荔枝、龙眼、香蕉、杨桃、番石榴……人们一年四季有不同的甜头可盼。

东莞“吃春”，自然少不了水果，春天刚入境，草莓、青梅、枇杷、菠萝、青杧、番石榴等水果轮番争宠，不管吃哪一种，都是春天的味道。

## 春到清溪酿梅酒

清溪镇濒临南海，位于东莞东南部，域内山丘连绵，雨水充沛，阳光充足，为青梅的生长提供了得天独厚的环境。每至四月，清溪大王山深处的青梅林郁郁葱葱，硕果飘香，放眼望去，树枝上缀满了青梅，果子圆润饱满，娇嫩青翠。眼下正是青梅丰收的季节，果园园主郑叔迎来一年中最忙碌的时刻。他必须抓紧时间，因为果子熟了就会掉落，而徜徉在春天里的鸟儿与蜜蜂，对这令人垂涎欲滴的梅子觊觎已久了。

三百多棵果树，却只有十几天的采摘期，想要在果子坠落前将其送到人们口中，可以说是在跟时间赛跑。所以，郑叔几乎每年都会请工人帮忙，几个人带上竹梯、竹竿、果篓，有人爬树摘果，有人扶梯传送，白天采摘，晚上筛选打包，将新鲜的青梅送到农贸市场。

郑叔来自青梅之乡——普宁，对青梅有着独特的情感。20世纪90年代，郑叔与妻子来莞打工，一次偶然的机会，他们得以在大王山上开垦种梅，日复一日，年复一年，郑叔的脚步不曾停止，至今过去27年，梅已成林，他对梅树的感情也如梅酒一般，日益醇厚。用他的话来形容，“开荒种果的时候就像青梅一样酸涩，但只要努力去做，青梅也可以酿成又香又甜的美酒”。

由于今年天气条件较好，去年青梅休眠期雨水充沛，开花期水分充足，产量预计可达两万斤左右。除了卖给别人泡酒外，郑叔每年都会自己留一些梅子用来酿酒和腌制话梅。有词云：“朝来一阵狂风雨，春光已作堂堂去。茂绿满繁枝，青梅结子时。”青梅所含的有机酸，远超于一般的水果，生吃则过于酸涩，古代有“望梅止渴”的典故，可见其清酸之绝。然而这种难以近人的酸却和酒一拍即合，果实中大量的柠檬酸为梅酒带来芳香和酸甜的口感，可以刺激食欲、化油解腻，更能愉悦身心。

青梅煮酒，古来有之。《三国演义》中“煮酒论英雄”，煮的就是青梅酒，曹操与刘备“随至小亭，已设樽俎：盘置青梅，一樽煮酒。二人对坐，开怀畅饮”。在古诗词中，也可见青梅酒之迹，春日饮梅酒要趁早，晏殊劝道：“青梅煮酒斗时新。天气欲残春。东城南陌花下，逢著意中人。”苏轼亦有诗曰：“不趁青梅尝煮酒，要看细雨熟黄梅。”

从古至今，青梅煮（酿）酒，是人们与春天的约定，因为凡事过了期就没那么鲜活可爱，这就是春日限定所不可替代之处。在谷雨时分，从树上采摘下新鲜的青梅，将青梅蒂剔掉，用清水洗干净，放置于阳光下晾干，而后把碧绿的青梅一一扎孔放入瓶中，和着色泽晶莹的老冰糖，层层叠叠，再倒入适量的精酿酒，最后封存标记。

四月的梅子，八月的酒，在时间的作用下，梅子慢慢褪去青涩的样子，在酒中尽情释放自身的芳香、酸甜和颜色，直至清澈透明的酒液逐渐变成美丽的琥珀色，一坛香醇的梅酒得以酿成。春日酿酒，夏日微醺，就像余世存在《时间之书》序言中所写的：“年轻人，你的职责是平整土地而非焦虑时光。你做三四月的事情，在八九月自有答案。”如何留住春天的味道？不妨亲手泡一罐梅子酒吧。

## 一口枇杷，一口鲜

四月的末梢，暮春和初夏在骤冷骤热的天气中进行交接仪式，昨日刚听到蝉声响起，今日一场冷雨又把它浇灭，不知是夏天想趁虚而入，还是春日徘徊不肯走。总之，人的心情随着这无序的气温来回波动。若要以一些慰藉来熨帖内心，一颗温润的枇杷恐怕再合适不过了。

枇杷集结了四时的气息“秋萌、冬花、春实、夏熟”，备天地之气，成人间风物，因而被赞为“果木中独得四时之气者”。古语道“五月枇杷满树金”，在南方，不到五月已是“榉柳枝枝弱，枇杷树树香”。相对于四川、福建等地，东莞称不上是盛产枇杷之地，但不能因此而低估了东莞人对枇杷的喜爱。每到三四月，农贸市场、水果铺、路边摊等到处可以看到枇杷的影子，蛋黄般的金黄枇杷，一个个挨着摆在一起，直勾人咽口水，好像不吃上一个枇杷，这个春天就白过了。

东莞人爱吃枇杷，不少人家还会在屋前或者屋后种上一棵枇杷树。一到四五月，圆碌碌的枇杷果子挂满枝头，衬着肥厚深绿的叶子，更显金黄夺眼。如古诗赞曰：“树繁碧玉叶，柯叠黄金丸。”此时，人们会呼朋引伴来摘枇杷，又或者摘下来分享给邻里，自家孩童当然有着“花果山猴王”的气派，想吃的时候随时可摘。说到这，便不难理解放学回家路过的孩童看到枇杷不舍得走，就算是大人也很难抵得住诱惑。

枇杷不仅味酸甜可口、柔软多汁，而且营养丰富，具有药效功能，能润肺止咳。但枇杷果期较短，且不容易保存，因此也有一些人喜欢买枇杷来做枇杷膏。将枇杷剥皮去核，加入蜂蜜熬成枇杷膏，密封保存好。等到夏秋季节，取一勺枇杷膏兑适量温水，酸酸甜甜的味道在唇齿间来回萦绕，回味清香，从嗓子到心田，都是润润的。

# 水果美味『四重奏』

每一种水果，都有着不同的吃法，或作为食材被捧上餐桌，或入汤入药，或被酿制成酒，晒制成果干……就像《水果传》里所说的：“水果以千百种独特的滋味征服了人类的味蕾，也激发了人们对于美味的更多想象。在人们以想象力施展的魔法中，水果发生了各种奇妙的变身。”每一种对味道的探索与尝试，都寄托着人们对美好生活的期待。

南方人善种果树，吃起水果来也是花样百出……

“泡”：人们喜欢用盐水泡各种水果，经过盐水沐浴的菠萝，清甜爽口；春天刚上季的青杧，果肉略硬，但味道并不是很可口，用盐水泡一泡，味道立马变得爽脆可口。俗话说“一把荔枝，三把火”，南方人吃荔枝喜欢泡盐水，听说可以降火。除此之外，也有泡李子、橄榄、火把梨等的，只需要加入开水、盐巴、小米辣等，一罐酸甜爽辣的果子就足以让人咽口水。

“腌”：不同的地方，有不同的叫法，比如“拌”“捞”。喜欢食辣的南方人，在吃青杧、李子、青梅等较为酸涩的水果时，会加入小米椒、辣椒面腌制，味道开胃又过瘾。当然，提到拌水果，自然少不了番石榴和酸梅粉这组黄金搭档，味道酸酸甜甜，一边逛街一边用竹签叉起一块放进嘴里，甚是有味。

“晒”：说到水果干，多到数不清，似乎“万果皆可晒”。南方人一般会将吃不完的水果晒成果干，留存当作零食来吃。比如，三华李干、杧果干、柿子干、芒果干、葡萄干、山楂干……不过晒果干可不是一项简单的手工活，除了要求阳光和煦等固有条件外，还得管得住嘴（因为在美味诞生的过程中，人们总是忍不住一边晒，一边吃）。

“酿”：水果酿酒，可以说是南方人的“食俗”。春酿青梅酒，夏泡葡萄酒，秋制山楂酒，冬做橘子酒。但是酿酒是一门技术活，从选材到入坛再到发酵，每一环都需要精心与耐心。酿制一坛美味的果酒，也如人生的过程，苦尽甘来。

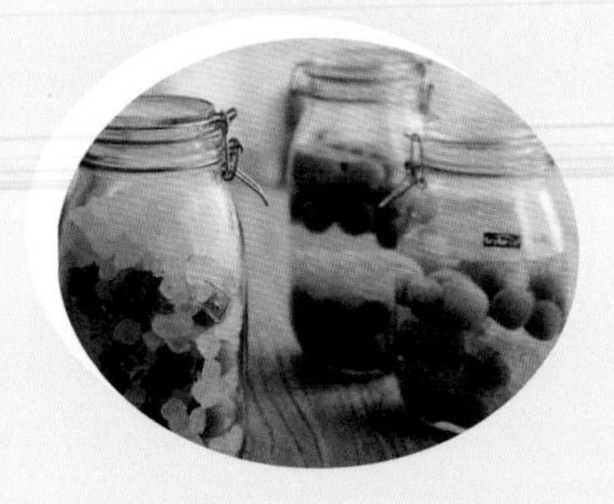

# 春夜读诗

冼金凤

陶行知在《春天不是读书天》里说到："春天不是读书天，之乎者也，太讨人嫌。书里留连，非呆即癫。"他觉得春天应该拥抱自然，放放纸鸢，登山浴风，听鸟鸣，嗅花香……总而言之，春光如此美好，不要"关在堂前"，不然可是要"闷短寿源"。

张晓风也曾在《我们已把窗外的世界遗忘得太久了》一文中写道："春天我们该到另一所学校去念书的。去念一册册的山，一行行的水。去速记风的演讲，又数骤云的变化。……春天春天，春天来的时候我们真该学一学鸟儿，站在最高的枝柯上，抖开翅膀来，晒晒我们潮湿已久的羽毛。"

人随春意"懒"，一到春天，人们似乎就按捺不住，总想要出去走走，或者"只将春睡赏春晴"。诚如两位作家所言，春日确实不是读书日，但春夜却是读诗的好时刻。白天出去游玩一整天，随着花儿荡漾的心情还未定息，此刻，不妨在春夜里静静地读一读诗。或许春游时无法描述的情景忽然在诗中找到完美的表达，又或许一首短小灵动的诗，在无意间悄悄启发着你发现美的能力。若是不幸被工作锁身，还未赶着出门看春花，那便寻几首关于春天的诗歌来读一读，来一场自由的春日遐想……

《你没读过的诗》（杨新宇编）收集了1949年前新诗诗人的散佚诗作，其中不乏林徽因、施蛰存、臧克家、邵洵美、孙毓棠、何其芳等名家作品，也有其他重要诗人的优秀作品。这些诗作值得记诵，应当传世，却被长期埋没，其中多数作品在1949年后未被收入任何选集，甚至他们本人的全集也失收。编者热爱诗歌，且学风严谨，所选多吟咏自然、爱情、生命及艺术本身的诗作，且对收录的诗作都一一详加考订。

诗歌之美好、意义，笔者不再一一赘述，也实在难以说明，唯有亲自赏读，或许方能知晓答案。现摘选两首诗歌，以飨读者。

## 春日小孩子

谢寅

春光来世界，
洗净了颓残的景象！
树头上生满红花和绿叶，
小鸟也唱着自由的歌。
活泼泼的孩子们：
歌着，舞着。
自然使他们乐，
他们也乐自然。
母亲见了！
再看树头上的花、叶和小鸟，
伊面上带着笑容，
有一种说不出的乐趣。
因为花、叶、小鸟和孩子们都是
一样的！

## 种花

陆人

开在古宅第里面的秋海棠，
道旁的小花，时常引我们出神，
我们叹息，但又觉得有多惆怅；
因为再也找不到那种花的人。
一句话、一个姿势、一种好声音，
也在我心里开着秘密的花朵，
但栽植它们的男女并未留心，
像候鸟丢下异地的种子飞过。
呵，好好地思想，忠实地去生活，
让我们生长得有如一株蒲公英，
一任它带翅的种子随处飘落，
开花，变成别人生命里的宝藏，
虽然我们那么像夏夜的繁星：
谁也望不见属于他自己的光。

# 东莞珊：将春天种在花园

香晓颖

**春日暖煦，草木萌发，百花争妍，外出踏青赏花者成片，居家种花插花也不失为春日一大乐事。如果说赏花是欣赏大自然的佳作，那么种花造园便是人与大自然的合作。一年之计在于春，春是四季的开始，无论农耕还是花事，都迎来了最佳时节。**

**春天向来坦荡无私，又来到了花友东莞珊的楼顶花园——珊园。和风细雨轻柔地拂遍每一片花叶，将花草都从土壤里唤醒，渐次开放，万紫千红，春色满园。一起看看藏在楼顶的秘密花园如何种下春天吧。**

## 满园春色惹人醉

立春过后，天气慢慢暖和起来，盎然的春意也悄然而至。珊园的斑红樱花势喜人，朱顶红也开始发芽长花剑，花草积蓄了一个冬天的能量开始迸发，珊园花草2021年春季秀场正悄悄拉开帷幕。花友东莞珊又要开始忙碌起来，要给过冬后的植物清理枯叶，换盆分株，浇水施肥，还要选购心仪的植物品种，迎接又一年的春暖花开。

3月前后，白色阿弗雷、粉白渐变的花孔雀、鲜红的樱桃妮芙……各色品种的朱顶红在园中争奇斗艳，蝴蝶、蜜蜂飞抵花园唱起春日奏鸣曲。朱顶红毫无疑问成为今年春天的主角，同期的三角梅也暂时沦为背景板。珊园的朱顶红之所以让人惊叹，不仅因为培育了18个品种之多，而且年年复花开爆。“每一盆都是从一个球种起来，自然‘生崽’，‘崽’再‘生崽’，最后都快装不下了。”东莞珊的话语里满是自豪。

采访东莞珊是在4月，此时朱顶红的花期已然进入尾声，只剩零星的品种还在开花。而园子里的百子莲、向日葵亭亭玉立，龙船花、香彩雀冒出团团簇簇的花儿，蓝雪花、五色梅开始孕育花苞，一草一木都在蓄势待发，接下来珊园的主角自然就是它们。珊园一年四季花开不断，春天的朱顶红、玛格丽特，夏天的蓝雪花和向日葵，秋冬的三角梅。问到花园何以四季如春，“因为四季都在种花”，东莞珊的回答很简单，“小花园的每一个空隙都极其珍贵，算好开花时间，才能全年花开不断”。

从爱上种花开始，花园一直是东莞珊的梦想。从2017年2月搬进附带楼顶花园的新居后，她才终于拥有自己的小花园，也就是如今的珊园。她开始倾心造园，“打造花园的过程，必须一步一个脚印，先从养活，养好，再到四季计算”。选准了品种花色就做功课，买小苗，三角梅、玛格丽特、夏菊……各种花草陆续添进园子，接着慢慢置办了拱门、桌椅、秋千等物品装饰，花园很快被她的热爱填满。“花园的面积不算太小，就我自己而言也够用了。里面的植物品种，只能用N+1来形容，我从来没有停止过尝试新的品种。我比较‘花心’，总是容易被更美好的花草打动。”东莞珊说道。

美好的花园，必然需要主人倾注时间与耐心养护。东莞珊说，她每天打理花园的时间其实不多，身为两个孩子的母亲，照顾家庭占据了她的大部分时间，上楼顶打理花园可以说是见缝插针，通常早上趁孩子们还没起床，上楼顶忙活半小时，又或者是在孩子们放学做作业的时候，上楼顶浇水或种植刚收到的小苗。“几乎全靠自己了，偶尔先生、小孩会帮点‘倒忙’。”珊园就是在她日复一日的辛勤呵护下，才成为今天花开满园的模样。

## 花样人生

东莞珊与花儿的缘分颇深，走上园艺之路是必然，也是偶然。在乡下上小学时，父亲在外工作，回家总会带上些花花草草，然后和她一起种在庭院里，每天盼着它们长大、开花，花草成为她童年的玩伴，园艺的梦想大约于此时种下了种子。“后来到广州读书、工作、结婚，就把小时候的自己给弄丢了。”直至她偶然看到朋友圈里分享的花，那些花儿触及了记忆深处的感动，让她重新开始种花，种花成为生活中的乐趣所在。

然而事实上，东莞珊一开始是种菜，展露种植天赋后，她开始尝试种花草，从多肉、月季到绣球，阳台种出来效果并不如意。不过庆幸的是，她很快就跳出了新手养花的坑，因地制宜地选择种植品种。那时她只有两个小阳台，半日照环境，种了太阳花和矮牵牛。为了达到爆盆的效果，她就把它们搬上楼顶晒太阳，再搬回楼下，“功夫不负有心人”，东莞珊的每盆花都开爆。搬进新房，拥有自己的楼顶花园后，她终于再也不用搬花，但她的花园梦并不止于此，“其实我的心中一直梦想着有一个很大的花园，城里实在实现不了，那只有回农村了”。

东莞珊总在随笔分享中自称“花痴”，对此她笑言：“不敢出远门，担心花草渴坏掉；回家第一件事，就是去检查每盆花的状况，自己口渴也不管不顾；手机里全是花的照片，孩子的照片却没拍。”她为花痴迷，将花园侍弄妥帖，芳菲满园，而身为全职太太，家里同样井井有条，“生活最重要，种花不能影响生活，更不能影响你们与身边人的关系。”她也坦言，家人最开始并不喜欢她种花，怕她种花辛苦。“现在家里人都很崇拜我，一粒种子、一株小苗，最后都种得美美的，前几天还发现婆婆点赞了我的视频号。”如今家人的支持让她欣喜不已。

## 从花友到“珊神”

花友东莞珊，是花友圈的明星，养花爱好者心中的“大神”，经她手的花总能开爆，养成又圆又大的花球。2016年前后，因为频频爆花的园艺作品，她开始被花友认识，因此结识了许多花友。同年，她在花友的建议下，开通了微博账号“花友东莞珊”，发布了第一更——三角梅爆花笔记，成功出圈，至今微博积累了12万粉丝，也陆续开通了微信公众号等网络平台。她是一位热爱分享的园艺“绿手指”，面对天南海北各地花友的崇拜，她坚持每日更新花园的花草动态，还把自己的爆花技巧整理成笔记倾囊相授。从花草的生长特性、配土、盆器、肥料到日常养护，种植笔记中都做了详细的记录，并且发表在了《花卉》杂志上。

东莞珊的粉丝花友都喜欢称她“珊神”，原先她对这个称呼是排斥的，现如今也接纳了这个来自粉丝的赞美，她解释道：“大家的赞美并不重要，重要的是大家认真看我的文章。我一直强调自己是一个普通的种花大婶，也传递一个信号给所有人：坚持自己的风格就会成功。”面对赞誉，不骄不躁，她依然能够保持清醒、独立。“我要走的，是一条自己的路，我不要有条条框框，不要有格式化的思维。”她的热爱与坚持，让越来越多的人爱上花草，爱上园艺。

纪录片《园林》中有这样一句话：“每个人心中都有一座花园，只要遇到合适的土壤，这座花园就会自然生长。”花园一直是花友东莞珊的向往，无论在阳台，还是在楼顶，都是她梦想生根的土壤，用四年时间倾心打造了一方小小的楼顶花园。“我给大家带来的，是一个城市中央的花园梦，一个内心平衡休憩之所。”这就是花友东莞珊坚信的意义。

“春花春月年年客，怜春又怕春离别。”春日珊园里的每一个生命，倏然而生，又从容而逝，花园不会辜负每一个春天，把春天种在花园，相信春天可以孕育新的希望与可能。（本文图片由东莞珊提供）

# 叶昊旻：用花艺捕捉春天

香晓颖

**屋外春意正浓，与生活息息相关的居室，经历了一冬的慵懒沉睡，遇见春日也会想要焕发新的生机。如何打造一个春意盎然的居室，将春天留在家中？买上一束鲜花或是一盆绿植点缀居室，无疑是绽放春意的绝佳之选，让大自然的生机与活力蔓延到室内，既增添生活的烂漫与美好，亦让家居氛围更加温馨。**

## 去花店，带春天回家

叶昊旻是一位花艺师，也是微风花BLEEZ的创始人和花艺学校的老师。他经营花店八年有余，贩卖花材，也传递美好的生活态度，花艺在他手中演绎着极致的优雅和浪漫。作为花艺师，他经营花店以来，往家里摆放了不少鲜花绿植，四季皆不同，把每一季的自然馈赠带回家中，让家里处处呈现出生动、自然的小细节，见证季节变化创造的喜悦。

叶昊旻家里的花艺布置，不同于店里的琳琅满目，反而趋于简单，通常是当季的花材，有时是自己喜欢的玫瑰，小花园里种的也都是禾叶大戟、六倍利、鼠尾草等观赏性强又易于打理的植物。由于大部分开花的植物，花期都是有限的，“所以，想阳台或花园花开不败，最好的办法就是定期购买当季开花的盆栽，只要养护得当，它们都会持续开上一段时间”。诚然，园艺栽培对于大部分人来说是很难持之以恒的事情，远没有家居盆栽、鲜花花束来得简单。

对于花艺师而言，最幸福的季节，莫过于花材种类丰富的春天，从鲜花花材到木本剪枝，琳琅满目的花材为叶昊旻提供了无限的设计灵感。绿色是春天的主旋律，简单优雅又易于养护的叶材，自然成为叶昊旻家居花艺布置的首选。吊钟、马醉木等日本进口叶材，姿态自然优美，即便只有一枝也可以独立打造非常有特色的花艺作品，搭配家居营造出小森林般的清新春意，并且摆放期长，因而成为近年家居花材的宠儿。

如今正是春暖花开的季节，让人欣喜的当然不止新枝嫩叶，还有那些在春天含苞待放的花朵。轻盈娇柔的洋牡丹、典雅高贵的郁金香、两种当季的球根花卉，包括接下来即将上市的芍药，都是花店非常受欢迎的草本花材。叶昊旻还特别推荐了带有淡淡花香的风铃草和小苍兰，花朵玲珑小巧、清新淡雅。

除了以上草本花材，花期更长的开花的木本植物也是不错的选择。樱花、桃花两种花枝最受追捧，买上三两枝剪枝置于花瓶中，就能居家赏

樱花、桃花，感受春天；受花艺师们喜爱的小手球、雪柳花、丁香等枝条类花材，极具线条美感，花儿轻盈娇小，花开时，更有春花烂漫的氛围，这也是春天独有的、细碎的浪漫。

春日花店里的每一束花，都是花艺师写给春天的情诗。在叶昊旻看来，任何春日花束的设计都离不开当季花材，“料理讲求不时不食，那其实花艺也是这样，鲜花大部分只开一季，既然这些花在春天盛开，那么就尽可能多用当季花材，散发春天的魅力”。当春日渐暖，花束需要亮色装点，淡紫色的玫瑰为主花，粉色和橙色的洋牡丹让这束白色系的春日花束生动起来，小手球、蝴蝶洋牡丹、喷泉草、木绣球等小簇又细碎的花材作为点缀，搭配出清新又明媚的春日花束。春天不远，去花店，选购一束春日花束，把春天捧在怀里。

## 营造春意居室

春天的花儿如此多娇，搭配得当，更能体现花的美，居家插花又应该如何搭配呢？叶昊旻也给出了他的建议：“对于不懂花艺的人，推荐不搭配为主，在花瓶中盛满单一花材就足够好看。另外，建议大家可以把钱更多地花在花瓶上，鲜花很快凋谢，但是花瓶可以重复使用，而且花瓶漂亮的话花无须多，所以我觉得比起鲜花的搭配，大家可以更多地从花瓶的角度去考虑。如果要搭配的话，我们也是建议大家去考虑颜色接近的花，挑2-3个品种，每种3-5支，如果品种太多、太杂，则效果不好，除非是比较专业的花艺师。”插花虽然随意，但也绝不是一味地堆积，恰如叶昊旻所言，有时候简单即美，“动人春色不须多”。

居家花艺是最能够感知四季的家居布置，在生活的空间中搭配花草绿植似乎很简单，但也是一种值得探索的搭配艺术。家中不同空间的花材选择与花艺搭配，都会给家居环境带来不一样的氛围，餐桌或茶几作为客厅最重要的部分，适合摆放大型的插花，叶昊旻选择了一个适合插多枝花的大花瓶，选用了很多春天的花材，“在我印象里，春天就是开花的树，所以我用了樱花、丁香、木绣球这些开花的木本植物，保留枝干的长度，插出一个有张力的大型瓶花”。卧室则可以摆放如洋甘菊等具有安神作用的小花，厨房中岛适宜搭配高挑花瓶或花枝，花材属性、花瓶器型都要与周遭的环境相吻合，让花艺绿植融入居家环境，才能营造出生机勃勃的氛围。

东莞的春天总是来得悄无声息，又去得不知不觉，莺飞草长分明是它来过的痕迹。花总能带来短暂欢愉的美好，尽然美丽转瞬即逝，但也提醒着我们生命和时间的流逝。花艺师见惯了花开花谢，便更加珍惜这短暂的美。去花市、花店逛一逛，带一束花回家，让居室春光乍泄，也让春天停留得更有实感一些。（本文图片由叶昊旻提供）

# 踏春好物

## Trangia风暴炉
## 户外野餐炊具

Trangia是来自瑞典的户外炊具品牌，由E.Jonsson创立于1925年。

Trangia生产的铝制防风炉具风暴炉，长久地在市场上占据着主导地位。它比煤油（石蜡）压力炉灶更受用户青睐，因为它仅需要酒精这一种燃料。上下防风罩的设计，使得它防风效果非常好，锅具配件等种类繁多，可玩性高。

煮饭也是Trangia的拿手好戏，风暴炉配合号称煮饭神器的Mess Tin便当盒，只要套上公式，谁都能轻松煮出一锅好饭。

## Mug Cup钛杯
## 户外品牌Snow Peak

1958年，山井幸雄秉承着“将想要之物塑之成型”的理念，创立了Snow Peak，取自雪峰之意，寓意挑战一切高峰，立志做出更好用的户外产品。

钛金属炊具应该是最广为人知的产品，钛金属具有重量轻、硬度高、热传导性佳等特点，非常适合户外环境。

折叠手柄单层钛金属杯以及双层钛金属杯都是由钛金属制成，前者无手柄的设计更加方便收纳，后者采用中空设计，保温不烫手，还可以和同款的各种容量的口杯重叠收纳。

## TFS tents户外帐篷
## 设计师品牌：自由之魂

自由之魂创立于2011年，是一个专业设计和制作户外露营帐篷的小众设计师品牌，专注于户外装备的设计制造和推广有品质的露营文化。

该品牌的名称来自中国户外著名阿式攀登者——严冬冬与周鹏新开辟的“自由之魂”登山线路。“自由之魂”在山东青岛拥有自己的小型缝纫厂，2019年，该品牌正式进入韩国和日本户外市场。

## 上蜡帆布系列
## 台湾原创品牌Filter017

Filter017的创作团队自2004年创立以来，一路以元素混合的概念作为创作上的方向与原则。十年来不曾间断创作与设计工作。除了累积了丰富的经验，也堆积、沉淀了独有的风格路线与视觉语汇。

上蜡帆布系列包括三角旗绳、气罐套、置物筐、收纳袋、杯垫，以Yama Style山系风格为主调，该系列采用油蜡包覆处理的厚实棉帆布，面料质感光泽，可防止短时间内泼水渗透，以及耐用之机能特性。无论在营地，还是家中，皆可自如地营造INOUT美学风格。

## 兜走筷笼
## 什良商店

什良商店是以木作工作室为基础的独立家具设计品牌，致力于分享 “即插即用”的生活方式，从而引发对“生活边界”的思考与探索，并希望它们可以渗透到家居空间、户外露营等领域。

产品兜走筷笼是铝木盒和加长收纳袋的组合，将餐具“在家”与“在营地”的两种收纳状态完美结合并自由转化

加长收纳袋满足了如铲、汤勺、漏勺等长柄厨具的收纳需求，实现了餐厨具的整体收纳，并保证餐厨具在收纳的状态下不会散落遗失。

# 放下媒介，谈水彩

郑友晴

有关水彩的探讨，近来在东莞不算少，三月莞美承办的“年度提名展”才落下帷幕，四月末21空间美术馆的“纸本/世界：广东水彩的新动向”就接连开展了。

广东是中国水彩画创作的重镇，尤以王肇民先生的终生坚守和广州美院的多年耕耘为深厚根基。东莞可谓占据近水楼台，各家美术馆在与专业组织水彩画艺委会或专业院校广州美院的持续合作下，把水彩画界的出色人才和杰出作品引进东莞。主题各异又态度鲜明的研讨会循脉而拓新，让水彩艺术在东莞如一株向阳花木，从纸本发源，蓬勃生长起来。

## 研讨：站在媒材的边界

“一纸一世界，一人一世界”是策展人杨小彦为本次展览所题的话，几乎囊括了他的策展核心、当日学术研讨会的观念共识，以及当下国内水彩创作的艺术立场和发展方向。

在他看来，水彩绘画不应该被其既有材质、技法所局限，“我们所执着的，是作品呈现出来的内心表达，是一种个人情怀的自由抒写”。在媒材的边界之外，综合多元材料进行实验和探索，以一个整体范畴下的艺术家自居和面对世界，而不是单面的水彩画家，因为当代艺术不强调画种和单一特性，正如水彩作品的评判要放在艺术的宏大界域之中衡量，这是突破认知的全新发展姿态。

“实际上没有艺术，只有艺术家”，参展画家李燕祥引用这句话一言以蔽之。

过去水彩被视作其他绘画的基础训练，长期处于“小画种”的边缘状态，画家队伍群体小，艺术评论家和理论家鲜少介入，评判作品优劣的唯一标准是“像不像水彩”，这些都是水彩在中国画坛的发展史上面临的现实困境。而今我们谈当代水彩，论“纸本世界”，是在艺术整体的多媒介创作趋向和水彩画坛多元跨界的时代面貌的基础之上，试图把握它在全新形势下自由发展的独立进程和内在动力。

学术主持胡斌总结到：“水彩是时候走出这些狭窄圈子的问题讨论了，在瞬息万变的艺术世界里，我们本就不应执守于某种固化的‘特性’，反而正是在多媒介的激荡中，某一材质的‘特性’才能焕发出新的生机与活力。”

要如何捕捉当下国内水彩的新动向？如何知悉水彩领域探讨的新议题？广东水彩界或许能给出一些提纲挈领的认知，而本次“纸本世界”参展的十三位艺术家，无论是学院派的中坚力量，还是主流体系的代表画家，都用现场的百余幅佳作和鲜明独到的艺术观点，集中呈现出当下水彩画种多元的创作风格以及整体面貌。

正如艺术家梁国辉在开幕式中所言：“这是由敬重的前辈和年轻的后辈组合的一个展览。正是因为老一代的探索与新一代的尝试，才能开辟出水彩现在的格局。关于如今水彩语境的变化和动态是什么，相信大家看过之后，自会有答案。”

当日开幕式后的研讨会有策展人、部分艺术家和两位批评家共同参与，胡斌作为主持表示：“我们希望借此，为水彩的画种交流和专业讨论留下一些纯粹的记录。”艺术家龙虎对广美水彩的学科建设和历史传承进行了简要梳理，“广美的水彩是经过七八辈人的努力积淀下来的，每一辈都有能扛起重任的‘当家人’，这些基础带动着国内水彩不断朝艺术的中心靠近，这样一条路往后走下去，旗帜应该会更加亮丽”。

另外，批评家的跨界参加是研讨会乃至当前水彩理论发展的另一要点。广美教师、批评家赵兴引用美国现代批评家麦克·弗莱德的“极简艺术”来探讨绘画的“物性”之外打破艺术界限的理论可能性，“媒材的特性不应该是绘画唯一的主张，而是要保证一种反剧场化，让作品画面内部自成一个世界，带给观众一种专注力，使其能够瞬间被吸引”。所以当不再局限于水彩，如何在创作中实现个人符号的表达，是艺术家们面临的更高要求。

另一位批评家鲁宁，则从艺术的阶段性和整体性的视角出发，分别对参展画家作品呈现的时代痕迹和风格脉络，以及国内各大艺术院校提出的人才培养目标进行梳理式分析，说明“形式变化的落点最终还是在艺术本身”。“某些阶段，艺术观念对社会产生了‘无用’的作用，但从长期来看，艺术始终是一个整体，包括广东水彩从王肇民先生以来继承的传统和不断丰富的谱系，都预示着当代水彩艺术的长远发展。”

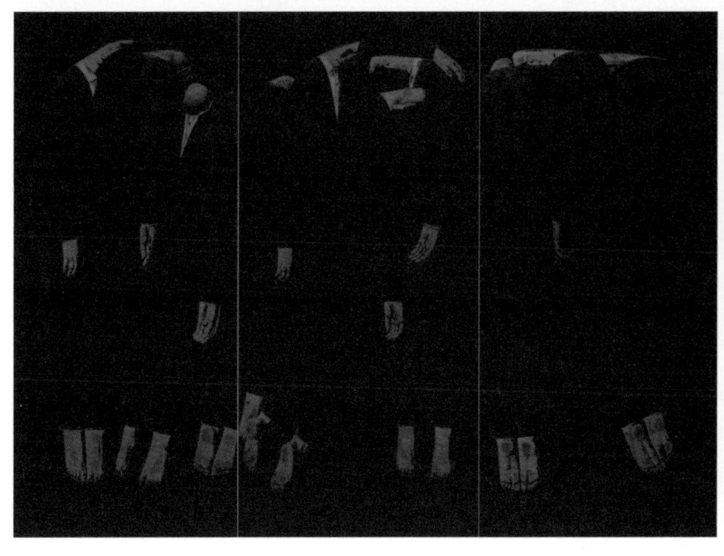
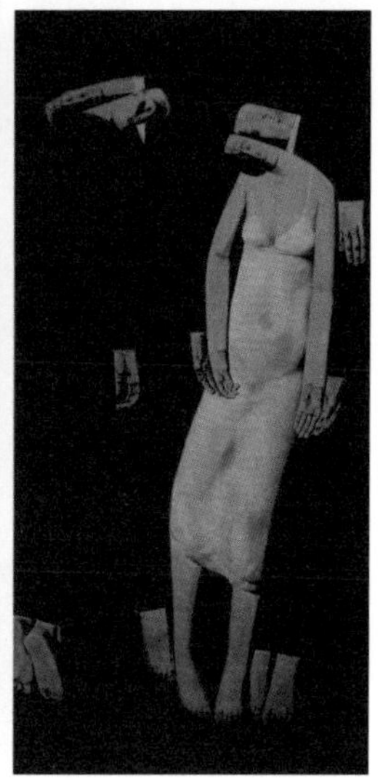

## 观展：透视艺术的宏貌

21空间美术馆简约明净的陈设风格，与水彩作品的轻快明丽十分相衬，画幅内外，色彩与白墙、平面与观者自成一景。每位参展画家都有着匠心独运的艺术观念和绘画风格，他们各自精选了具有观赏与探讨价值的代表画作，或成系列，或成序列，丰富着“纸本世界”的展览面貌和广东水彩画景观。在此基础上，胡斌对百余幅作品进行了题材归纳以及展区划分，五个单元分别从“乡土与日常”“村落与远山”“东方、时间与诗”“独白与穿越”和“梦幻与多棱镜”的主题设置，来呈现当下水彩创作较为突出的几个倾向。

三位资历深厚的艺术家兼教授龙虎、李燕祥、杨培江此次的参展作品被归在“乡土与日常”一篇。龙虎的《蓝天下NO.1》《路上NO.44》等把画面聚焦在藏区所见的乡土景象上，三个稍显欣喜与羞涩的小孩，两位低首并行的红衣僧侣，遥远而寻常。李燕祥取材于生活，取景于窗边的花、坐着的女孩，流露出水彩画平易近人的一面。杨培江关注个人绘画样式和观念的表达，奇趣可爱的《蝴蝶夫人》《灯下》都传递出作者肆意超脱的童真视角。

以写生作品为主的陈朝生和陆晓翰同属“村落与远山”的题域之内。完笔于不同年份的《旧物》《三江暖阳》《雨过》等风景画，分别从不同色调、对象的描绘中勾画出陈朝生眼中房屋、树木与远山的各异风韵。陆晓翰的《大埔茶阳写生》系列取材自他出行中所见的街巷、路人、村庄，把远方的市井烟火带到观者面前。“东方、时间与诗”是对李小澄画荷花中的东方意象、王绍基后用后工业材料喻指的宏大时空关系、薛静敏画面视觉中的诗意氛围的各自提取与风格总结。

“独白与穿越”讲述的是一种带有魔幻记忆与形式探索的自我表达，是采取创新姿态的水彩画家们展现广阔艺术视野的动向体现。陈东锐善于在人性、物性和社会性的微妙关系中寻找创作根源，不断在自身的思维较量之外与创作保持陌生感。苏军权则擅长用写实怀旧的图式手法描绘乡土农民，把浓郁的个人情感倾注在画面之中。梁国辉关注具象与表现之间的形式构建，借由游离二者之间的描绘来回应自身本质的经验与情感。大幅水彩《我们并站着，整整谈了一夜》画面深沉而诡秘，一排耷拉着脑袋的人神色漠然，似乎疲惫睡去，又似幽灵飘浮，触目凝眸，撼神兴叹。

最后的“梦幻与多棱镜”分别概述了陈金龙和蔡焕彬的创作要点。蔡焕彬的《棱镜计划》系列作品，借由对过去和现在两种时间维度的叠加探讨，展开图像上物理空间拓展的可能性对话。他在创作中运用多媒介的语言转码生成个人视觉秩序，同时邀请观众“互动”构成作品整体的秩序轴线，“我会以适应性的法度介入线下的展览，期待着其他人的作品乃至观众都成为作品叙述的一部分，这就是我所说的‘棱镜’”。

同样把“纸本世界”延展出多维度的另一位艺术家陈金龙，也把观者的观看流程纳入创作的考量之中。他的作品《食古先生》在场有部分的概念式展出，四根直立的柱子由内释出光源，透亮的黄色纸张凸显了黑色墨彩，奇异的人形图腾泛出诡异的东方气息。陈金龙善用个人经验解读东西方美术史上的传统艺术风格，从青铜器的纹理到古希腊的红像，他始终在形式探索和叙事构建的路途上迈进。

“实际上我们就是用图像来写作，一个形象的创造需要有剧本来增强它的叙事性，比起心中先有剧本再去找材料实施绘画，我更倾向于从技法和材料出发，再去丰富它的故事。”此次的参展作品贯穿了陈金龙从学艺至今十二年的创作心路，是一次串珠成线的总结与回顾。这与他对展览主题“纸本世界”的解读相通，“实际上它是把专业退后，强调纸本的‘物性’和它具备的储存、传播的特征，回归到生活中就映射着隐私、记录、怀念的成分，如果把水彩从一个具体的专业逐渐扩大到对人类情感的同理上，也许从这个角度去观看水彩或者纸本，我们的感受将会有大不同”。（本文图片由21空间美术馆提供）

# 集结油画新力量，从华南出发

香晓颖

油画艺术在明清时期自西方传入中国，华南地区得风气之先，成为中国油画的先行地。在中国油画艺术发展浪潮里，青年都是生力军，是最富活力和最具创造性的积极力量。正因为他们的不懈努力和追求，才促成如今中国油画异彩纷呈的态势。

4月17日，“从华南出发——首届全国青年油画艺术学术提名展”在华南美术馆正式开幕。展览邀请来自全国七大美术（艺术）学院的九位油画教授，以学术提名的方式，推荐展出9位青年油画家的44幅作品，这既是当前青年油画家群体创作面貌的综合呈现，也是各大美术学院油画教学成果及特色的展示。

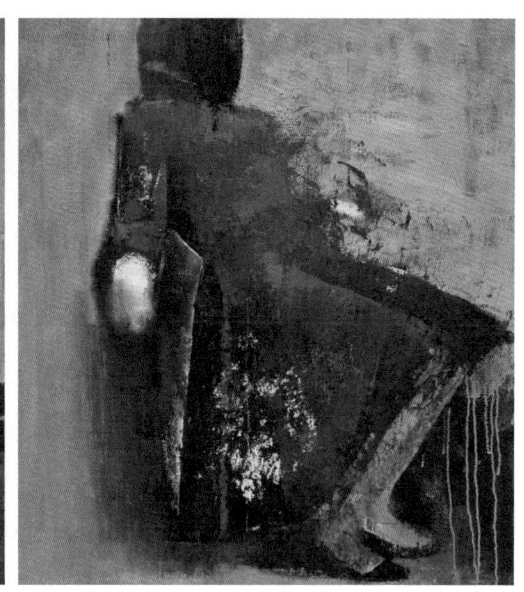

## 艺起华南，油彩斑斓

回溯中国油画的发展历史，华南地区是中国早期油画发生、发展的策源地，这里不仅诞生了中西合璧的独特画种——外销画，更出现了一批留洋学画、影响中国油画史的油画家，他们积极创作并开拓美术及油画艺术教育。无论过去，还是现在，华南地区仍然是油画艺术最活跃的地区之一，青年也仍然是最有生命力的油画创作群体。华南美术馆站在时代的节点之上，提出“从华南出发”的口号，推出全国青年油画艺术学术提名展。展览以学术提名展的方式，面向全国青年油画家征集作品，力图持续推广打造成为系列性专题展览。

首届全国青年油画艺术学术提名展，邀请了全国几大美术学院及川音成都美术学院的九位油画教授作为提名专家，每位教授学术提名一位青年油画家参加展览。对于这样的策展方式，策展人陈国辉阐释道：“如此展览不仅能以个案研究的方式超链接各大美术学院的青年油画创作群体，还能综合地透视各大美术学院的油画教学特色和当前青年油画家群体的创作面貌。”

此次参展的九位青年油画家均为全国专业美术学院的油画系在读研究生，他们来自天南海北，有着截然不同的成长、教育背景，他们的作品题材多样、内容丰富，有对人物场景的描绘，有对社会人生的观照，有对图像事物的重构……从中可以看出不同地域的青年油画家，关注现实、积极思考的创作状态。而且在艺术风格、表现语言上也是异彩纷呈、各有所长，集中反映了当前各个美院油画专业鲜明的教学特色，以及青年艺术家的创作成果，充分显示了青年艺术家的活跃思维和探索精神。

对于每一位参展艺术家而言，展览不仅仅是一个发掘与展示的平台，也是一个交流与学习的窗口。来自广州美术学院的艺术家赖威丞对展览表达了认可：“作为一个研究生，我们的日常就是要去创作研究，但是创作研究室离不开宽阔的视野和思维，通过这样的展览能很好地让我们了解到全国这么多院校同学的创作方向以及状态，而且大家可以有个平台互相交流学习，因为艺术始终是要参与社会、反馈社会，如果一味地闭门造车是很难让自己的作品往前走的。”

首届展览得到了全国各大美院的专家学者、艺术家的广泛支持与认可，湖北美术学院油画系教授徐文涛也借此分享了对国内的艺术教育生态的观察：“此次展览作品风格、种类繁多，很好地展现了各个学院的教学风格，作品本身也完整地表达了艺术家们对艺术的理解。中国艺术教育自1949年以后取得了很大的进步，改革开放更是起到了推动的作用。但是现代艺术教育仍有许多问题需要反思，希望能通过此次展览加强学院之间学术交流的交叉渗透。”

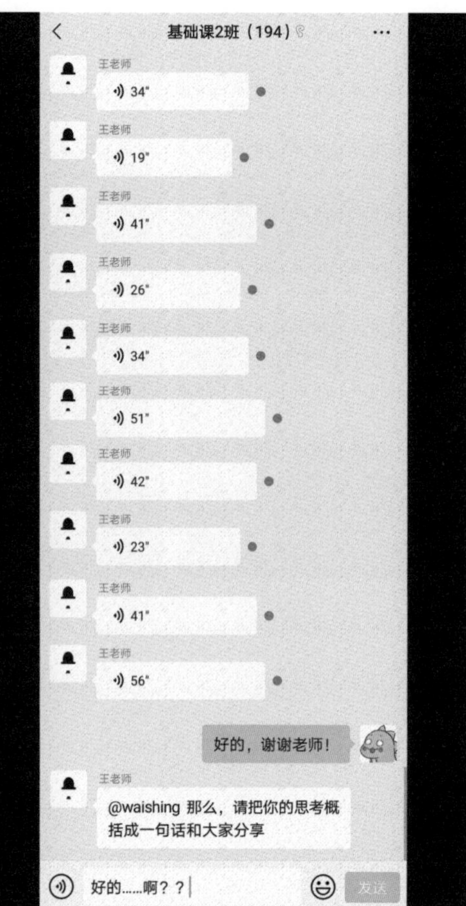
基础课2班（194）
王老师
34"
王老师
19"
王老师
41"
王老师
26"
王老师
34"
王老师
51"
王老师
42"
王老师
23"
王老师
41"
王老师
56"
好的，谢谢老师！
王老师
@waishing 那么，请把你的思考概括成一句话和大家分享
好的……啊？？
发送

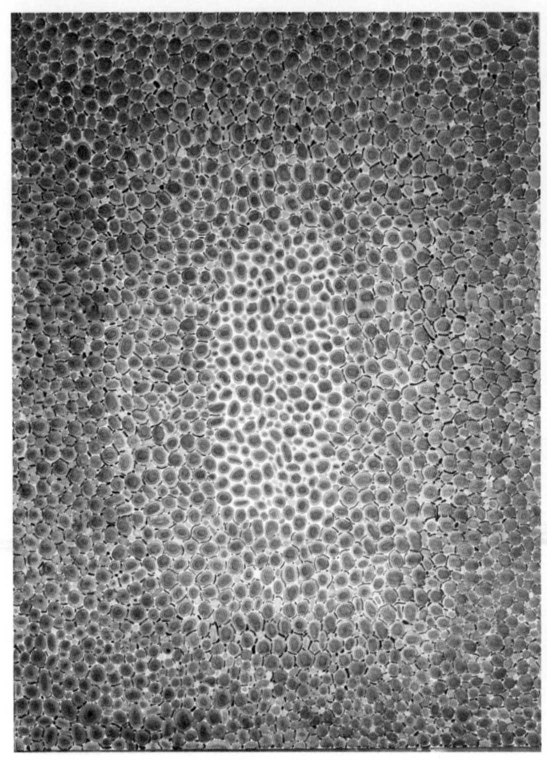

## 新青年，新图景

步入华南美术馆3楼展厅，九位青年画家的44幅作品按照具象、表现、抽象三种风格分布陈列于展厅，众美并陈，能够看出明显的个人风格、绘画语言的差异。展厅右侧为具象及表现油画展区，虽同为偏具象油画，表现语言完全不同。莫非将写实绘画语言与画面抽象构成结合，用厚实的笔触描绘了《网络人》《开冰箱》等一系列的人物生活场景；魏书龙在日常的形象物品中提取感受，再透过画面传达，作品灰暗的色调、厚重的肌理中，展现出强烈的表现主义风格；俞铭铖的《对错与折中系列》作品通过即兴式的表现语言，将图像的记忆与在场的感受糅合叠加，构成一幅幅光怪陆离的场景写生作品。

青年油画家当前所处的时代，造就了他们热衷自我表达的特质，他们通过赋予具体物象精神的内核，完成自我的表达，这也是艺术探索必经的过程。林达蔚的作品《廿一岁》正是他探索自我表达的实践，他把自我的形象置于画面中完成表达，人物刻画纤毫毕现。该作品也入选“第十三届全国美术作品展览油画作品展”进京作品。“作品展露趋于成熟的艺术气质与良好的学术素养”，提名专家何军教授在推荐词中对其赞赏有加，“是一个美术学院油画专业培养的典型案例”。自我表达的特质在陈浩然的作品中亦有体现，与林达蔚的写实性表达不同，陈浩然偏向表现性，他通过对媒体图像进行绘画语言的再创作，对自己所认识到的社会问题进行隐喻性的传达。

行至抽象油画展区，艾静娴、李芷淇、邓子军三位艺术家带来的系列作品，都充斥着强烈的个人风格。艾静娴的《叠02》《庆祝》等作品都是从具体的事件中提取抽象的关系，进行视觉化的结构重组，构成新的图像，并且她在创作中尝试采用水和墨这两种实验性材料，让作品充满东方表达的意蕴；李芷淇擅长通过纯粹的线条和色彩，来承载对于周边世界的感悟，重构儿时的记忆，把具象的现实世界表现为抽象的语言，这在《Untitled》等系列作品中都有所体现；邓子军的《叩问阿尔伯斯》系列作品致敬了德国艺术家阿尔伯斯，正方形元素和色彩的构成画面，还对绘画语言和材料进行了变换，简单的画面上又多了几分肌理，变得丰富起来。

纵览展厅，赖威丞的作品无疑是其中最独特的存在，没有以绘画的方式传达，而是用版画的丝网油印技术，呈现了三张社交软件的截屏。《信息》系列作品截取部分社交软件的碎片信息，以具象写实的方式完成抽象概念的视觉表达，直观地呈现信息化时代下微妙的社会剧场。赖威丞介绍，作品的灵感来源于对疫情期间社交现象的观照，于是选择将社交软件中的乌龙对话捕捉再现，“我们在广美的教学引导下，创作已经非常多元，而我是第一次尝试这种绘画方式”。犹疑之际，导师郭祖昌对他的想法表示鼓励。在赖威丞的身上不仅能看见当代青年油画家创作观念的转变，还能看见广美开放包容的教学理念。

华南美术馆通过展览，将各大美术学院的青年油画创作群体集结于华南，为观者呈现了当前青年油画创作的各类图式，及其所代表的美院的教学成果，给传统油画艺术带来了新的图景，同时也给国内艺术教育带来新的思考。首届展览的成功举办给了陈国辉信心，对于展览今后的规划，他表示：“‘冀望’系列专题展览能成为促进全国青年油画家们沟通、交流、互动的学术平台，进而在艺术界产生涟漪效应，成为一个长期的、持续性的学术探讨话题。”（本文图片由华南美术馆提供）

# 颜乐：
# 领奏一支东莞旋律的交响宏乐

郑友晴

与颜乐见面那天，他身后背着小挎包，头上架着一副眼镜，交谈之中随手翻出一沓写有手记和乐谱的白纸，把他作曲的灵感与构思向我细致地解读起来，俨然一副严谨又认真的艺术家模样。

就像在演出中途，在课堂之上，面对听众和学生的随口提问那般，他总能侃侃对答。怀揣着对交响室内乐的热忱和信念，“满腹乐理，有备而来”，是颜乐的人生常态，接受采访是，授艺教学是，演奏大提琴是，创作曲目是，指挥乐团亦是，他艺术驿旅的每一步皆是如此。

## 组团：汇入乐海

倘若你听过一场文化周末的室内乐团音乐会，那你一定见过他作为大提琴手的投入神情；也许你亲身感受过一场本土乐团演奏的交响音乐会，那你一定曾经目睹他身为指挥的从容背影；如果你是在莞求学的音乐学子、来莞打工的爱乐一族、在莞寻梦的青年乐手，颜乐或许是个早有耳闻的名字。正如音乐是他生命中一个绕不开的议题一样，东莞城市交响室内乐的基础拓荒和耕耘推广也少不了他的一份力。

颜乐与东莞的故事始于2004年，刚从管弦系研究生毕业的他入职东莞理工学院音乐系，开启了迄今长达17年的教育生涯。他一边在校园内忙碌于大小提琴、西方音乐史、视唱练耳等基础艺术课程的授学，一边不断深化着学术层面的理论研究，“我当初选择从事音乐教育，就是希望自己能兼顾理论和演出这两块，不断提升表演能力，同时加强对艺术理论和音乐创作的钻研，而理论部分最终也是为了更好地配套演出”。

在他看来，身为音乐教育工作者有义务和时间为社会服务，有精力组建一个符合城市发展定位的崭新的交响乐团，既与城市人文脉络相融合，又与自身的艺术目标一致，是一件两全其美的事。受身为小提琴首席演奏家的父亲的影响，颜乐从小就认识到音乐理论创作的重要性，“比起在大都市已有的交响乐团里工作，我更偏向在东莞这座有潜力的城市工作，与同行者摸索一条适合的乐团之路，这时候改编和原创演奏曲目就显得必不可少”。

如何用交响乐征服一座新城和培养听众，颜乐可谓颇有心得。早些年的东莞缺乏氛围，鲜有人才，简单的组合只有两三位乐手，至2012年，莞城政府成立了全市第一支的“文化周末室内乐团”，颜乐身任团长与大提琴手，带领团员们走进工厂、社区、学校，在一场场公益演出中贴近群众，在对外交流和创新表演中打响品牌，迈上东莞室内乐扩大市场基础的新台阶。

经过几年的酝酿与成长，颜乐发现，在东莞谈论和推广交响室内乐不再势单力薄——共商“乐”事的政府与民间协会、日渐完善的表演场地、贯溢群集的爱乐之心，似乎是谱写在城市交响乐史上细密的线谱与谱号，只欠画上首个音符的那阵“东风”。2017年，颜乐牵头组建的首支镇级交响乐团——松湖爱乐乐团常规编制达到二三十人，演奏人才鸾翔凤集，镇街演出好评如潮，这是高雅艺术渗透城市的现实例证。从室内乐到交响乐，从表演中欧经典曲目到演绎原创作品，听众的音乐素养与城市的文艺氛围都在同步提升。

## 作曲：浮声众乐

近年来，团长兼指挥是贯穿在颜乐身上的双重身份，也是交响乐团赋予他的使命和志趣。去年年底，面向全国公开选拔的首支市级交响乐团“东莞市爱乐乐团”正式聘任22位演奏家，并在今年4—8月陆续推出高质惠民的“爱乐季”系列活动，为全市高雅艺术和西洋音乐发展又增添了一队轻骑兵。颜乐不仅在乐团每周一次的常规排练中，肩挑统筹控场的指挥要务，也在作曲选曲方面不遗余力。开幕演出中两首独具地方风情和时代精神的原创曲目《新时代的梦想》和《兰》就出自他深厚的家国情怀与敏锐的艺术洞悉。

在迎接建党百年的时间节点上，把音乐会的红歌奏出新鲜感和吸引力，是东莞市爱乐乐团在筹备中着力的突破点。除了甄选经典红歌之外，他们希望添加一些符合当今世界音乐潮流和中国时代特色的元素，以传递新一代人民的心声与赞美。压轴曲《新时代的梦想》承担了这个角色，颜乐表示，“从采集素材到配器，它的创作经历了大概一年半的时间，我在中国风的呈现上糅合了一些经典作品的构思和现代色彩的和声技法，而在交响乐风格的融合上，做出了西方框架与中国曲风的调和创新，既能让熟悉交响乐的听众感觉耳目一新，又把民族的美学韵味穿融在旋律之中”。

另一首《兰》选自《梅兰竹菊》的第二乐章，是一个更为贴近城市生活和市民审美的曲目。“花中君子”兰花象征贤达之品格、民族之风华，是人们熟悉易懂的花草形象。颜乐希冀借兰花空谷幽放的特质反映东莞人务实低调的内在涵养。在乐曲创作中，颜乐善于表现对城市景象的剖析和市民精神的提炼，这与他多年扎根基础教育和艺术普及的经验有关。“早期演出时，观众大多是没有音乐根底的打工一族，因此曲目选择上会偏向耳熟能详的中国作品，在旋律引起共鸣的同时，带动他们听懂和喜欢交响乐。”这种摸索本土受众群体需求和熟稔东莞交响室内乐发展脉络的认知习惯，是颜乐身为作曲家的一份无可比拟的优势。

而他音乐创作的学习和实践之路也有着鲜明可循的个人轨迹。早年在管弦系读研时接触到的作曲知识唤醒了颜乐最初的创作欲，至2010年他共完成了涵括荣获市级和省级两项金奖的《坡》在内的十首乐曲。“当时写的大多还是大提琴独奏曲，后来到2013年攻读博士，才展开了对室内乐和交响乐作曲的针对性钻研，转向写一些大型作品。”于颜乐而言，这既是一个再学习的过程，也是他艺术征途中浓墨重彩的崭新续篇。其后，他创作了大型交响乐《大湾区的梦想》《虎门颂》等，并计划出版个人首张原创室内乐专辑《一带一路》，作曲家已然成为这位文艺工作者立身闻名的根蒂与标签。

从演奏的“二度创作”到原创作曲的“自我表达”，颜乐把个人体悟融会在音符的流动之中，在他的音乐领域里高掌远跖着，试图探寻一处艺术创作与情感传递的平衡地带。“实际上每个人在不同阶段都有着不同的生活重心和观察视角，我的创作心路也大致呈现出周期式的划分：毕业后到读博前的第一阶段，我内心充斥着年轻人的朝气和信念，写的多是描述生活热情的向上的旋律；读博后的五六年，我的创作转向通俗平淡，开始描写身边的人和事；到了近几年，我的视角从细微变得宏大，写了不少关于城市定位的、歌颂党和国家的主旋律作品。”

正如个人命运总是契合时代规律，颜乐的经历也是无数文艺创作者在伴随东莞文化发展的旅途中的缩影，反映了城市交响乐文化的蓬勃态势。“在培育西洋乐土壤的萌芽时期，我们要各尽其才，在旋律中表达自己的心情和爱好，带动环境多元化延展；而当东莞整体市场出现高雅艺术需求的时候，政府就会向我们开放更多大胆创作的空间”，用音乐手法去解读城市定位、歌颂政策形势、展现湾区宏图，是颜乐等一批音乐人在新时代的创作方向和崇高使命。

## 指挥：交响人生

纵观一些出色音乐家的人生履历，不难发现作曲和指挥是相互关联的事，如果说作曲是通过谱写音符旋律来传递个人情感，那么指挥是带领乐器合奏，来表达对自己曲目的潜在通感和作者的风格共鸣。颜乐的指挥生涯几乎与作曲同步，理论常识的学习始于读研时辅修的指挥系，从事教育后他兼顾着学校乐团的整体训练，而正式身担单管编制交响乐团的指挥要务则是从松湖爱乐乐团起步。

从演奏家转换角色，深化了颜乐的团队视角和艺术体会，“指挥家强调的是一种把控全场节奏的能力，需要具备更深厚扎实的理论知识以及更优秀的判断力，才能掌握乐曲风格，驾驭整个乐队，把几十号人的演奏引导到同一个方向”。为此，严于律己的他在业余时也鲜有懈怠，时常独自钻研乐谱到深夜，“在指挥的路上，我面对的是灿若繁星的作曲家和浩如烟海的乐曲，无论是对经典流派的熟悉，还是对各种新式作曲风格的研究，对我而言都是必不可少的修炼过程”。

从四岁接触小提琴，九岁钟意大提琴，攻读艺术，投身教学到组建乐团，音乐似乎是漫长时光和不渝初心镌刻在颜乐人生中的烙印。“因为从小在歌舞团长大，身边都是搞艺术的人，他们给我一种追求梦想的信念，这也是我守护至今的一片心灵阵地，哪怕这一生也许就像苦行僧一样去工作，但是因为热爱，我的精神世界始终是丰富的，所以值得我坚持走下去。”就像名字中唯一的“乐”字一样，音乐是颜乐不可或缺的生命拼图，“它给了我生活中最重要的快乐，起点是内心源源不断的满足感”。

接下来，作曲和指挥方面颜乐都有着新的计划。献礼建党百年的交响组歌《松湖梦》，和描述东莞人性格特质与精神境界的交响乐《香颂》，是他和乐团今年需要协力完成的曲目任务。而在教育方面，颜乐一直持续稳定地输出着，“我们培养的是以师范类为主的教学人才，不少人毕业后成了中小学的音乐老师，壮大了东莞基础教育的力量”。

从最初的普及室内乐到东莞爱乐乐团的应运而生，从推动基础教育到发展高雅艺术，颜乐身为培育城市交响室内乐文化的先驱一代，长期踏实地扎根于此，为培养第二代音乐和演奏人才默默耕耘，把自己的阔远人生化作跌宕音符，安放在东莞交响宏乐的第一章。（本文图片由颜乐提供）

# 孙见时：音乐是人生的主线

冼金凤

“抱歉，让您久等了，刚刚在市民广场拍摄宣传片……”初见孙见时，是在一家咖啡馆，他刚刚从录制的现场赶来，思绪仿佛还沉浸在音乐当中。在交谈过程中，他总是坦率地抛出自己的观点，一如他对待音乐的真诚。诚然，一个人的言谈举止与成长阅历是可以相互观照的，他曾多次强调学琴是痛苦的，但言谈中又毫不掩饰他对音乐的喜爱与感恩。在笔者看来，这并不矛盾，反而露出了他坚韧的生命底色。

## “小提琴选择了我”

孙见时与音乐的缘分，似乎是注定的。20世纪70年代，孙见时出生于哈尔滨音乐世家，父亲是以前空政交响乐团小提琴首席，左邻右里不是弹钢琴的，就是拉小提琴的，他从小在各种乐器声中长大。“我的记忆特别深刻，家里很多兄弟姐妹都学习小提琴，我几乎每天都是伴着小提琴入睡，听着小提琴醒来，耳濡目染的都是音乐。”他回忆说道。

到了六岁那年，孙见时开始了以父为师的学琴生涯。聊到学琴故事，他坦言自己是典型的70后，一开始对小提琴还谈不上喜爱，毕竟日复一日的练琴是异常辛苦的。但在那个年代没有五花八门的玩具，电视台也仅有中央一台、二台，而且学业压力也相对较小，每天都有充足的时间学习小提琴。久而久之，对音乐的理解愈加深入，热爱也因此油然而生。用他话来形容：“与其说是我选择了小提琴，不如说是小提琴选择了我。

严师出高徒用来形容孙见时的习琴生涯恰如其分。“父亲对自己、对音乐的要求都极高，因此他对我的教学可以称得上苛刻，练琴时间从初始的每天一两个小时逐渐递增到五六个小时，春节也不例外，十年练琴生涯未曾间断，唯有两次是卧病在床而无法练习。”父亲的严格常常让他发怵，挨骂自是家常便饭，挨打也不是稀奇事。或许正是因为年少时内心的那份不甘与热爱的支撑，他不厌其烦地一遍遍纠正，一天天练习，十年如一日地勤学苦练，练就了扎实稳固的基本功。

然而，孙见时的音乐求学之路并未如预想般如心顺遂。初中毕业之后，升学择校的头等大事随之而来，摆在他面前只有两个选择：要么普通高考，要么艺考。孙见时并没有直接做出抉择，而是在尝试中找到了人生的航向。

“我一开始想尝试正常高考，但这对于我实在走不通。后来，我去中央音乐学院附中读了一年，但当时交通远不如现在发达，从哈尔滨到北京要坐长达十几个小时的车，加上独自在外求学的种种不易，有点得不偿失的感觉。于是，无奈之下，我又回到家乡读高中。文化课与艺术课两相兼顾并没有想象的那么容易，我一边继续跟父亲学琴，一边主攻文化课，在此期间又错过了清华大学冬令营的招生。”虽然过程

几经辗转，但他最终考上了哈尔滨师范大学的小提琴专业。

步入大学校园后，孙见时一边接受系统的专业学习，一边不断提升自己的综合音乐素养，同时不断打磨琴技。“我一天不练琴，自己知道；两天不练琴，同行会知道；三天不练琴；观众会知道”，当时的他是这么说的，也是这么做的。回溯一路走来的经历，他坦言学琴是一条漫长而又布满荆棘的道路，好在自己坚持下来了，“小提琴陪伴我长大，还会伴随我到老，学琴让我明白了许多人生的道理，它是我人生宝贵的财富”。

## 泛舟琴海，播撒乐韵

如果说哈尔滨是他音乐梦想萌芽的原乡，那东莞则是他实现梦想的地方。2004年，东莞正如火如荼地展开新城建设，各行各业纷纷向五湖四海的各色人才抛出橄榄枝。在东莞理工学院任职的朋友亦说，东莞是改革开放的前沿阵地，来这里发展，或许会有所作为。受内心的驱动，孙见时只身南下，来到东莞广播电视台，负责影视、广告配乐，成为东莞音乐事业最早的一批耕耘者。

在孙见时的音乐人生中，未曾离开过小提琴这一主题。除了给影视配乐外，他先后参与组建文化周末室内乐团、松山湖爱乐乐团，组织了大量的室内乐演出及交响音乐会，多年来一直致力于推广室内乐与交响音乐。孙见时的时间表里常常写满了与小提琴有关的行程，比如应邀参加市内外各类文艺演出，担任中国音乐学院考级东莞区负责人，出席小提琴公益讲座活动等。近年来，他还策划、组织过多届东莞市青少年管弦乐大赛、青少年民乐大赛和中国音乐学院考级等音乐活动，给东莞本土青年艺术人才搭建才艺展示与交流的平台，助力营造良好的音乐氛围。

从初来乍到的陌生感，到与东莞这座城市并肩奋斗，孙见时一路见证了东莞音乐的发展变化。“我刚来到东莞的时候，东莞的音乐发展仍处于起步阶段，大多数人都不知道小提琴，市内几乎找不到琴行。如今，十几年过去了，几乎每走几百米就能看到一家甚至几家琴行，高水准的音乐艺术演出逐渐常态化。无论是音乐市场还是氛围，都有了质一般的飞跃。”回看过往，孙见时倍感欣慰，虽然目前东莞音乐与珠三角的广州、深圳等城市的音乐环境依然存在一定的差距，但东莞的音乐氛围越来越好，各大音乐赛事的水平也在逐年提升。

从“三城一都”的文化新城建设，到推进全国公共文化服务名城、国家历史文化名城建设，东莞一步一个脚印向文化名城迈进。多元文化于此相汇交融，各类艺术俊才不断涌入，如此种种，皆助推着东莞音乐的发展。2021年，东莞爱乐乐团应运而生，孙见时担任东莞爱乐乐团的首席。谈及此，他认真地说道：“一座城市要拥有自己的交响乐团，但这不是生搬硬套组建起来的，而是在社会人文达到一定程度才孕育出来的，东莞爱乐乐团便是如此。经过十几年的成长积淀，各种音乐文化不断汇入，在此交融共生，同时，这座开放包容的城市，不断吸纳外来音乐追梦人，本土的音乐人才在高等院校毕业之后又回到东莞，于是凝聚成了东莞爱乐乐团。”

作为当前代表东莞交响乐艺术最高水准的团体，东莞爱乐乐团自觉扛起了推广室内乐与交响乐的城市使命。4月份，东莞爱乐乐团开启

了“爱乐季”演出活动，演出形式灵活多样，既有建制乐团在户外城市花园公园、专业剧场演出，又有各个小分队走进校园、企业演出。他们在参与推动东莞音乐向前发展，东莞这座城市也在丰盈着他们的音乐人生。

正如孙见时所说：“我们这一群志同道合的音乐人，因为热爱而相聚在一起，高雅的音乐既可以在专业的剧院响起，也可以走进群众中去。所以，在人少的时候，我们组成一个室内乐团，把音乐会开到社区、学校、医院、公园，把优雅的音乐送到人群中去，力图真正做到‘曲高和众’。希望通过我们这一代人的努力，让下一代、让更多人了解古典音乐，真正去享受音乐。”

## 琴如知己，乐在其中

音乐对于孙见时而言，就是一生钟爱的事业。在他看来，不论是乐团的演奏者，还是音乐人，形式不是最重要的，重要的是真正去传播、推动、发展音乐艺术。工作之余，他也会教学生学习小提琴，十几年来，他带过一批批不同年龄层的学生，引领他们走上音乐道路。在孙见时的言传身教下，其门下学生出类拔萃，不仅在各大管弦乐比赛中斩获佳绩，更有不少学子被星海音乐学院等高等音乐院校录取。

谈及教学心得，他说道：“一棵树的成长，从萌芽到长出枝叶再到开花结果，每一环都离不开阳光与养料，更需要树根不断深入土壤之中，学琴也是同样的道理，需要家长的陪伴、老师的教导，更需要自身的努力。”同时，孙见时也直言不讳地指出，很多人一开始抱着尝试的心态随意来学，等到决定要走专业道路时，又错过了打基础的时机：“学琴从来不是尝试的过程，而是需要实实在在的付出。”

论及天赋与勤奋的关系，他颇有见地：“一位优秀的小提琴演奏者，离不开勤奋、机遇和天赋，这三者是不可或缺的。勤奋是夯实基本功的基础；遇到合适的老师和机会也是极为重要的；当努力到一定程度时，就会意识到天赋（也就是悟性）的重要性。”当然，不是每一个学习拉小提琴的人都立志要成为演奏家。孙见时希望每一位学生在学小提琴的过程中，除了磨练琴技外，更重要的是学会领略音乐的美，感受音乐带给人的力量。

人们常说，音乐是一门时间的艺术、空间的艺术、情感的艺术。作为一名小提琴演奏家，仅仅钻研乐器是远远不够的。在孙见时看来，小提琴演奏是一门综合艺术，弓弦之间跃动不只是音符，更蕴含着演奏者对历史、人文、美学等方面的理解。都说一首好的曲子，当作曲家谱完曲时，音乐只完成了一半，剩下的一半留给了演奏者，如果只是机械地重现曲子，那就会空洞，无法引起观众的共鸣。

“所以，我总是多去体验和感受，去阅读书籍，感受生活，体验生命，听听更多不同风格的音乐……最终所有的阅历都会转化成我对音乐的理解，成为我诠释音乐的一部分。”音乐对人的影响总是难以言尽，而对于孙见时来说，最直观的是音乐已经成为了人生的主线，生活、学习、工作都与音乐有关：“不知道从什么时候开始，音乐浸入了我的生命，影响了我的思维方式。当我意识到在遇到挫折的时候，我习惯把困难像乐谱一样逐一分解去攻克时，我跟音乐是分不开了。”（本文图片由孙见时提供）

# 歌舞欢腾，献礼“文周”

蔡妙苹

**4月17日晚八点，“品馥郁文化，享周末时光”这句熟悉的口号准时在文化周末晚会上响起。翘首以盼的“南方歌舞团歌舞晚会暨文化周末十六周年献礼”在文化周末剧场如约而至，来自南方歌舞团优秀的表演者们，以动情的歌声和曼妙的舞蹈，为观众们带来了一场歌舞盛宴，共同庆祝文化周末十六岁生日。**

## 文化周末“进行时”

当天下午，工作人员早早就开始紧锣密鼓地展开工作，身着黄马甲的志愿者们站在展板前，静候观众的来临。走进文化周末剧场大堂，入口旁边红紫渐变的十六周年主题标志引人注目，正中间的一块块彩色立体方块被精心地垒起，“前程似锦”“精彩不断”等祝福标语牌被放置在一旁，供观众们合影留念。

刚过六点半，观众就已陆续到来。当天晚上，除了精彩的演出外，文化周末还精心组织了一场“周年游园会”，其中“趣味剪纸”吸引了最多观众。大家随意挑选心仪的图案，用一把普通的剪刀、一张普通的红纸，一折一剪之间，为文化周末送上了最真诚的祝福。一旁的祝福墙同样颇具人气，人们在卡片上留下自己的“独家祝福”，“因为‘文周’，留念东莞”“祝文化周末办到一百周年”……这些发自肺腑的祝愿感动每一位文周人。其中，一位身高刚超过展台的小朋友，用肉嘟嘟的小手握着笔，在妈妈的耐心指导下，一笔一画地写下了“祝文化周末越来越棒”，以自己的方式，表达着对文化周末的喜爱。

737期演出，5840天的文化传播，文化周末晚会走过了16个春秋。85岁的萧伯从69岁看到现在，十几年的陪伴未曾缺席；从石龙过来的黄女士，是文化周末晚会的忠实观众，谈及对‘文周’的印象，她真诚道：“文化周末真正做到了文化惠民，希望它能一直做下去，去润化更多人，不断滋养这座城。”文化周末仍在“进行时”，不断吸引更多人参与进来，首次来到剧场的观众朱女士便是如此，她说道：“今晚是我第一次来看文化周末晚会，恰逢十六周年，真心祝愿文化周末越办越好！”

每个展板的背面都是文化周末晚会十六年来的演出剪影，也是文化周末与观众的共同记忆。有人驻足观望，回溯文周过往的印记；也有人凝神聚思，似乎在寻找记忆中那场深刻的演出。一期一会，文化周末每周六晚与观众共同赴约，十六年如一日，工作人员精心策划、全力以赴的同时，观众们也一直相守不离。在每周六接替上演的晚会中，文化周末与观众们的情谊，在一次次的欢笑、一次次的掌声中，在无形的艺术滋养中，变得愈加深厚。

## 欢歌曼舞，共庆十六周年

晚上八点整，一首热烈欢快的歌曲《唱响新时代》拉开了演出的帷幕。灯光随音乐的响起纵情洒向舞台，身着金黄色舞蹈服的舞者从舞台两旁相继而上，曲目以歌颂党的十九大为主旋律。轻快的音乐，朗朗上口的歌词一下子就调动起观众们的热情，两位歌唱家倾情献唱，歌颂新时代中国特色社会主义思想，唱响新时代奋斗者的激情。

随后，一首首美妙动听的歌曲轮番上演。节目《家在心中》高亢清亮的女声与低沉浑厚的男声时分时合，唱出了游子对家乡的思念。女高音张灵珊演唱的《春天的芭蕾》余声嘹亮，歌声在偌大的舞台上婉转停留，一幅幅绿意悠悠、花团锦簇的春之画卷在眼前展开。节目《西班牙女郎》中，男歌唱家以深情的西班牙语，热情直白地表达了对西班牙女郎的爱慕和赞美之情。而励志流行乐曲串烧《我们都是追梦人》，赢得了观众们的共鸣和喜爱，灯光亮起，旋律响起，小朋友们惊喜地手舞足蹈，情不自禁地拍手唱和，瞬间将晚会的气氛推向了最高潮。

值得一提的是由青年歌唱家王璀璇老师演唱的《亲爱的中国》一曲。他以温柔的嗓音，缓缓诉说着对祖国母亲的热爱之情，歌声如行云流水，令观众沉醉其中。这是一首为庆祝新中国成立七十周年而创作的作品，曾登上2020年央视春晚的舞台，作为零点钟声前的压轴节目。演出前，王老师也为文化周末送上了祝福："时隔六七年，再次回到文化周末的舞台，感觉这里的文化气息和艺术氛围越来越浓厚了，希望文化周末以后能给市民带来更多好看、留得住的节目。"

除了歌声余音绕梁，穿插其中的舞蹈环节也同样精彩。双人舞《芳华》改编自同名电影，重现了那段正值芳华的青葱岁月，洋溢着满满的青春气息，勾起了观众对初恋的美好回忆；热情奔放的西班牙舞曲《船长心中的卡帝斯》，一群男子踢踏着脚步而来，昂首挺胸的体态与高傲的眼神表现了他们在海上航行和冒险的坚定决心。极具印度风情的舞蹈《蒙格尼》，新娘身穿红色印度服饰盛装出席，忽而笑容粲然，忽而低头害羞，在与新郎的一进一退中，女子的娇羞和期待展露无遗，最终在一片拍手和叫好声中，新郎抱得美人归。

演出的后半场更是少不了古韵十足的中国风舞蹈，让观众充分感受中西方舞蹈的激情碰撞。女子群舞《玉舞人》以广东特色的玉舞人为创作原型，表现了汉代宫女婀娜多姿的舞姿。曼妙女子身着青丝白衣，伴随着青铜乐翩翩起舞，开合遮掩之间玉袖生风，翘袖折腰的舞姿首尾呼应，就像在博物馆观赏一座座会旋转的雕像。而男子群舞《墨色》以空灵悠长的琴韵开场，灯光骤暗，舞者以身体喻墨，疾徐缓落之间，墨染的叠裙在空中飘动，正如墨在水中的晕开与变化。中国水墨丹青的刚柔并济、遒劲磅礴之气被展现得淋漓尽致，观众看得如痴如醉，沉浸在浓郁的史韵墨香当中。

本次文化周末十六周年晚会特意邀请到了南方歌舞团献演。南方歌舞团是广东省文化和旅游厅直属的国有专业艺术表演团体，拥有深厚的艺术底蕴，创作的大批舞台作品风格鲜明，广受观众喜爱。在晚会尾声之时，导演张瑀航也上台为文化周末献上了祝福："文化周末是所有粉丝们的艺术之家，我们南方歌舞团的目标是打造百年老店，期望文化周末也能如此。"最后观众们齐喊"文化周末生日快乐"，伴随着全场的欢声，晚会缓缓落幕。演出虽已结束，但祝福言犹在耳，剧场内外仍沉浸在欢庆的气氛当中。（本文图片由余文诗、陈汉乔提供）

Kiwi，13岁，绘画爱好者。从小学习素描，深谙二次元文化，临摹有大量漫画作品，近期涉猎油画、水彩。

她目前的绘画水平或许达不到“艺术”的高度，但在“美术创作”上不遗余力，“起初只是作为兴趣去接触，后来就放不下了”。于她，绘画可能还不至于到“融入生命”的程度，但仍然希望以后都能与之相伴，学习、工作，充实人生。

# 在春天流浪

**郑友晴**

如果春天是一首写不完的诗，那它的开头应该落笔在驶向远方的列车上。

右边敞亮的车窗是一个流动的画幅，夕阳似金色染料打翻在落寞的暮景之上，把澄碧的天空和井然的庄田装点出几分灿然绮丽的情调。山野越过冬日的清冷之后，成片地泛出了清浅的绿，遥映在对面旅人张望的眸光里，原先漠然的神色似也变得温润起来。

人们钟意在春天出行，有人踏上返乡的路，想在三月充满全年消损的亲情域值，有人携眷出游，渴望用一场逃离消解生活的困乏。我们赋予春日万物生覆的意象，然后期冀这份浪漫能融在夜晚温和的风里，漫盖人生所有的不如意。

那些生命里似枯木生花的时刻，就像是某个春风沉醉的夜晚，在长诗里悄然写下的短促的一句。

这些短暂又永恒的瞬间，宛如星辰一般永远散射着光辉，普照着暂时的黑夜。我们在这里找到转折，拾起半点志趣，它们是寂静春夜里的片刻烟火，皎皎半世的梦中归途。

你看见漫天的云团飞快地游走，看见璨亮的恒星向经过的红眼航班挥手，看见缺了半边的月亮依旧散放着饱满而温柔的白光，又在人间化作清和的细风，吹散了楼下宵夜摊越冬后重新喧闹起来的嬉笑欢语。

四季往复，四季皆有花开，这个春天或许似烟火绚烂，但它不会再是往后的任何一个春天。我们永远活在当下，却也在祭奠当下。

追念是春日安放在长诗末尾的终章，浓重的怀思在清明的迷蒙烟雨里漫延开来，随泥土下渗。人们在四月读诗，在四月缅怀早已逝去的诗人。有了墓前满当的大小酒瓶，想来李白这千年也是不乏快活。

生机总是暗藏着流逝，而流逝的又会成为我们明天的星光。王小波在《红拂夜奔》里写道：“照我看来凡是能在这个无休无止的烦恼、仇恨、互相监视的尘世之上感到片刻欢欣的人，都可以算是个诗人。”

如果在春天写诗，想要感会“人生得意须尽欢”的纵情，那就做一回放肆人间的精灵，尽情去流浪吧。